琐事见格局

单天佶　编著

台海出版社

图书在版编目（CIP）数据

琐事见格局 / 单天倩编著 . -- 北京：台海出版社，
2025. 2. -- ISBN 978-7-5168-4091-7

Ⅰ . B848.4-49

中国国家版本馆 CIP 数据核字第 2025Z6G727 号

琐事见格局

编　　著：单天倩

责任编辑：姚红梅　　　　　　　　　封面设计：李舒园
策划编辑：兮夜忆安

出版发行：台海出版社
地　　址：北京市东城区景山东街 20 号　　邮政编码：100009
电　　话：010-64041652（发行，邮购）
传　　真：010-84045799（总编室）
网　　址：www.taimeng.org.cn/thcbs/default.htm
E-mail：thcbs@126.com

经　　销：全国各地新华书店
印　　刷：北京一鑫印务有限责任公司
本书如有破损、缺页、装订错误，请与本社联系调换

开　　本：640毫米×910毫米　　　　1/16
字　　数：103千字　　　　　　　　印　　张：10
版　　次：2025年2月第1版　　　　印　　次：2025年2月第1次印刷
书　　号：ISBN 978-7-5168-4091-7

定　　价：59.00 元

前　言

　　琐事无处不在，它们如同细沙一般，无孔不入，填满了我们生活的每一个角落。对于许多人而言，这些看似微不足道的小事是烦恼的来源，是日复一日的重复和乏味。然而，如果我们换一个角度来看待琐事，将它们视为塑造自己、提升自己的机会，那么这些细沙也能成为成长的土壤，让我们的生活焕发新的意义。

　　《琐事见格局》一书通过具体的生活实例，引导读者在日常琐事中发现成长的机遇。每一个章节，都围绕一个中心思想展开——如何在看似不起眼的琐事中，磨炼自己的意志，磨砺自己的性格，从而形成更广阔的人生视角和更深厚的内在力量。

　　面对日常琐事时，重新定义问题的本质，找到处理问题的创新方法，这不仅仅是对问题的解决，更是一种对生活态度的塑造。通过对琐事的处理，我们可以学会控制自己的情绪，在压力中寻找出路，在失败中吸取教训，最终实现自我超越。

　　此外，本书还特别讲述了人际关系中的琐事如何处理。在我们的一生中，与人相处是避免不了的。如何在小事中建立和维护良好的人际关系，如何在日常交往中展现出真正的自我，这些内容都将在本书中得到详细的探讨。读者可以通过书中的指导，学习在人际互动中拓展自己的格局和视野。

《琐事见格局》一书不会告诉你一蹴而就的成功秘诀，因为成功不是一朝一夕的事情。如何在生活的点滴中积累经验，如何在平凡中发现不平凡，如何在琐事中体现格局，是本书的重点。希望每一位读者都能从中找到启发，学会在生活的细节中发现那些被忽视的美好，以更加宽广的心胸和更加明智的选择，迎接每一个充满可能的新日子。

目　录

第一章

从琐事中找回主动权

从琐事中构建不凡生活

琐事无处不在。早晨起床后，要整理床铺，要随手关掉洗手间的灯，出门前检查手机是否带着，下班前简单收拾一下桌上的文件……这些琐事看似不起眼，却在人们的生活中占据了相当大的比例。可以说，生活就是由无数琐事组成的。这些琐事，常常让人们感到疲惫、烦躁，失去了对生活的掌控感。

琐事真的是毫无意义的"时间杀手"吗？

小李是一名都市里的普通上班族，每天早晨，等闹铃响了几次后才起床，然后洗漱，早餐胡乱吃点，再百米冲刺赶往地铁站。卡着点进了公司大门，面对的是凌乱的办公桌，他忍不住叹气……

这样的生活让他每天都觉得很累，仿佛生活在一个被琐事淹没的漩涡中，每天都在为小事操心，却从未有过成就感。

小李在一次工作总结会上被老板点名批评，因为他上交的工作周报错漏百出，明显是敷衍了事。那一刻，他意识到自己这种浑浑噩噩的状态已经影响到了工作和生活的方方面面。

为了改变这种状况，小李决定从最不起眼的小事开始做起。闹钟一响他就起床，洗漱之后花几分钟时间整理床铺。然后，他花点时间坐下来吃一顿简单但营养的早餐，并提前规划好一天的日程。每天下班前，他还会整理一下办公桌，让自己第二天早晨能以清新的状态开始新的一天。

这些改变看起来微不足道，但小李发现自己的生活状态逐渐在发生变化。他不再那么忙乱，每天都充满了掌控感。工作绩效也逐渐提高，老板开始在会上表扬他。小李发现，那些微小的琐事让他找回了对生活的控制权。

那些重复性的琐事，恰恰是人们生活的基石。

琐事并不是负担，而是生活中的"锚点"，帮助人们在纷乱的日常中找到节奏和方向。人们无法避免琐事，但可以选择如何对待它们。如果能够在琐事中找到成就感，学会享受过程，那么每一天都会变得更加充实和有意义。

琐事的意义，不在于它们本身，而在于人们如何去对待它们。人们可以选择抱怨，认为这些小事浪费了自己宝贵的时间；也可以选择积极面对，把每一件小事当作锻炼自己的机会。例如，做家务可以培养人的耐心和细致，处理孩子之间的纠纷可以提升组织能力，甚至整理床铺都能带来一种满足感。

这种积极的态度能极大改变人们的生活质量。研究表明，当人们把注意力集中在琐事上，并通过这些琐事培养出良好的习惯时，大脑会逐渐适应这种节奏，从而在面对更大挑战时表现得更加冷静和自信。

伟大来自平凡，卓越源于日常。不需要把每件琐事都夸大其效用，而是要学会从这些琐事中找到成就感和满足感。以下有几个实用的小技巧，可以帮助你更好地管理和处理琐事。

1. 设定小目标

每天早晨，设定一个小目标，比如整理床铺、准备一份健康早餐或者完成一项简单的工作任务。完成这些小目标会给你带来一种即时的成就感，并为一天的工作奠定良好的基础。

2. 养成固定的习惯

将一些琐事变成固定的习惯，如每天下班前整理办公桌，每个周末清理一次家里的杂物。这些习惯一旦养成，就会减轻你对琐事的抗拒感，让你在处理它们时更加得心应手。

3. 分配时间段处理琐事

可以将琐事安排在一天中特定的时间段集中处理，比如早上10分钟收拾房间、下午5分钟整理邮箱。这样既能避免琐事打断你的主要工作，又能让你在忙碌的日程中找到喘息的机会。

4. 享受过程

有时候，换个心态来看待琐事，你会发现其中的乐趣。比如，听着喜欢的音乐打扫房间，或者在做饭时尝试新的食谱，这些都会让原本枯燥的琐事变得有趣起来。

　　琐事并不是阻碍人们前进的障碍，而是帮助人们找到节奏、培养习惯、提升能力的基石。以积极的心态面对这些小事，生活的方方面面都会因此变得更加有序和高效。从今天开始，试着改变对琐事的看法，掌控生活中的每一个小细节，就会发现，自己能够达到的高度远超想象。

小目标能带来大改变

现代生活的节奏越来越快，各种琐事压得人们喘不过气来。华灯初上，回家的路上让人经常有种"忙了一天却什么都没完成"的挫败感。这种无力感，源于人们对时间和精力的分配没有清晰的规划。每天设定几个小目标，是解决这个问题的有效方法之一。

小赵是一名刚入职场的年轻人，他热情有余但总觉得忙乱无序。每天早晨，面对堆积如山的工作，他不知道该从哪里开始，结果经常是东一榔头西一棒子，晚上回家筋疲力尽，但回顾一天的工作，却没什么实质性的进展。

有一天，主管建议小赵：每天早晨为自己设定几个小目标，清晰地列出来并确保当天完成。这一建议让小赵茅塞顿开。他开始在每天早晨给自己设定3~5个具体的小目标，比如"上午完成会议记录整理""下午准备好客户提案""下班前清理邮箱"等。

刚开始执行时，小赵也怀疑这些看似琐碎的小目标是否真的有意义。但随着时间的推移，他发现自己不仅能够按时完成任务，而且整个人的状态也变得更加积极主动。每天晚上，当他打钩已完成的小目标时，他感受到一种实实在在的成就感和满足感。渐渐地，他的工作效率得到了显著提升。主管也注意到了他的进步，开始委派给他一些更重要的任务。

从以上案例可见，每天设定小目标，可以帮助人们在纷繁复杂的事务中找到方向感和掌控力。

小目标将一天的任务分解成更容易管理的小块，帮助人们一步步接近更大的目标。以下是设定每日小目标的一些关键好处：

（1）清晰的方向感。小目标为人们提供了每日行动的方向，使人们知道每天的重点是什么，避免因为无所适从而浪费时间和精力。

（2）即时的成就感。每完成一个小目标，都会获得一种满足感，这种正向反馈会激励人们继续前行。

（3）减少压力和焦虑。任务被分解成小目标后，人们不会再因为面对大量未完成的工作而感到压力重重，而是能够集中精力，逐一击破。

（4）提高自律能力。设定并坚持完成每日小目标可以帮助人们养成自律的习惯，使得人们在生活和工作中更加有条理和高效。

设定小目标听起来很简单，但要真正有效地实施，并不是随便列几个任务就可以。以下有几个要点，可以助力设定更加合理和可行的小目标。

首先，小目标必须明确具体，不能模糊不清。比如，"提高工作效率"这个目标太笼统，无法具体执行。可以把它拆解为"今天完成三份报告的初稿"或"下午2点到3点集中处理邮件"。

其次，小目标应根据自己的实际能力和当天的工作量来设定，不宜过多。每天设定3～5个小目标是比较合理的，既不至于让人感到疲惫，也能够稳步推进。

再者，小目标要灵活，易于调整。有时候，计划赶不上变化。因此，小目标的设定应该具有一定的灵活性，能够根据当天的实际情况进行调整。如果某个目标因为特殊原因无法完成，可以调整优先级或拆分成更小的步骤。

最后，要记录完成情况。记录每天的小目标，并在完成后打钩。这不仅有助于了解自己的进展，也能够为自己提供即时的正向反馈。这个简单的打钩动作会给自己带来极大的满足感。

每天的小目标并不局限于工作，家务与个人成长都可以拆解成小目标，逐一完成。家务小目标，可以是每天花10分钟整理家里的某个角落，或每天做一次健康的晚餐。工作小目标，可以是每天撰写一部分报告，或每天联系两位客户。个人成长小目标，可以是每天阅读一章书籍，或每天练习20分钟乐器。

通过这些小目标的实现，你不仅会发现自己的生活变得更加有序和高效，而且会逐渐积累起一种持久的成就感和自信心。

感悟

每天设定小目标看似简单，却是一种非常有效的时间管理和自我提升的方法。它能够帮助人们在忙碌的生活中找到方向感，减轻压力，提升自律能力，并通过不断的小成就积累起巨大的满足感和自信心。

简化生活，告别拖延

拖延，是令许多人头痛的难题之一。内心知道不该拖延，但又"不得不"拖延，然后在拖延中非常焦灼，但又不知道如何解决……结果，事情越堆越多，压力越来越大，导致人陷入一种无助的状态。

拖延的根源，大多是人们对任务的复杂性和困难程度产生了畏惧，觉得任务庞杂、难以完成，因此选择逃避或推迟。要想告别拖延，最有效的方法是将复杂的任务分解成简单的小步骤，让每一步都变得可执行。

以下是几个具体的策略，助力简化生活，告别拖延：

（1）设定明确的优先级。优先完成重要的事，生活会变得简单而有序。许多人拖延是因为不知道从何开始，不清楚哪些事情是最重要的。每天或每周列出最重要的三件事情，优先完成这些高优先级的任务，其他琐事可以暂时放在一边。

（2）分解任务，化繁为简。将大的任务分解成多个小任务，每次只专注于一小部分，这样可以减轻心理压力，让你更容易开始。比如，在面对一个复杂的设计项目时，可以先完成设计草图，然后再逐步完善，而不是一下子面对整个项目的压力。

（3）减少决策疲劳。生活中的决策太多，容易让人感到疲惫不堪。你可以简化日常的决策，比如每天穿什么、吃什么，这样可以把精力集中在更重要的事情上。例如，许多成功人士每天都穿同样风格的衣服，以减少不必要的选择。

（4）建立例行公事习惯。养成固定的生活和工作习惯，可以减少拖延的问题。比如，设定每天固定时间处理邮件，每周固定时间整理房间。通过形成习惯，很多事情可以轻松完成，不需要额外的意志力去推动。

张总是一名年轻的创业者，他的公司刚起步，业务繁忙。起初，他觉得自己总是有做不完的事情，生活变得一团糟，他习惯性地把很多任务拖到最后，导致公司业务发展缓慢。

意识到问题后，张总决定简化自己的生活。他开始每天早晨制定优先级清单，将一天的工作任务按重要性排序。他还将复杂的项目分解成更小的步骤，每天只专注于完成几个关键点。此外，他还固定了每天的生活习惯，比如每天早晨6点起床，晚上10点前入睡，每周固定两天锻炼身体，逐渐让生活变得有规律。

经过一段时间的调整，张总发现自己的工作效率显著提高，拖延现象明显减少。他的公司也因为他的高效管理逐步走上正轨，业务发展迅速。在晨会上，张总跟同事分享了这一方法："当我简化了生活，去掉了那些不必要的事情后，拖延就自然消失了。"

把生活中的繁杂事务化繁为简，很多看似难以完成的任务开始变得简单易行，拖延也不再成为人们前进的障碍。如何简化生活、告别拖延，这里提供几个实用的小技巧。

1. 减少物品的拥有量

生活中物品太多，会增加决策的难度和拖延的可能性。试着精简生活，留下真正需要的物品，其他的可以清理掉。

2. 每天清理工作空间

整洁的工作环境可以让人更专注，减少拖延的机会。每天花几分钟整理办公桌，确保它处于干净、有序的状态。

3. 减少信息输入

每天接收过多的信息会让人感到疲惫。可以考虑减少社交媒体的使用，控制每天刷手机的时间，把精力集中在真正重要的事情上。

4. 使用时间管理工具

借助时间管理工具，如番茄时钟、待办清单等，可以有效分配时间，减少拖延。将工作时间分成25分钟一段，每完成一段就休息5分钟，这种方法可以大大提高专注度和工作效率。

感悟

拖延的根本原因在于我们害怕开始行动。一旦开始，事情往往比我们想象中要简单得多。拖延并不是无法战胜的敌人。通过简化生活，我们可以从根本上解决拖延的问题，重新掌控自己的时间和生活。简化生活，从小事做起，让每一天都变得简单而高效。告别拖延后的生活，不仅更有序，而且更加充实和快乐。

分清事情的轻重缓急

当各种琐事堆积在一起时，你是不是会感觉无从下手，最终陷入一种"忙而无效"的状态？

出现这种情况，是因为你没有分清事情的轻重缓急，面对太多任务而不知从何下手，结果越忙越乱，越乱越忙……

分清轻重缓急可以知道自己每天的重点是什么，不会被琐碎的事情所困扰，从而减轻心理负担。同时，完成重要的事情会带来一种成就感，这种正向反馈会激励自己继续努力，从而形成良性循环。

在第二次世界大战期间，艾森豪威尔被任命为盟军最高司令官，负责规划并执行诺曼底登陆。这是一项极其复杂且紧急的任务，要求他在短时间内协调大量的资源和人员，并做出许多关键决策。

艾森豪威尔每天要面对无数的电报、报告和会议请求，这些事务中有些是紧急的，有些是重要的，有些则既不紧急也不重要。为了确保自己能够集中精力处理那些对战局有决定性影响的事务，他运用了自己开发的"重要—紧急矩阵"来进行时间管理。

艾森豪威尔总是优先做重要且紧急的事情。例如盟军登陆的具体计划、突发的战场情报等。艾森豪威尔会亲自决策并直接参与这些事务的处理，因为它们直接影响战役的成败。

然后做重要但不紧急的事情。例如战后重建规划、未来的战略部署等。这些事务虽然不需要立即处理，但对盟军的未来至关重要。艾森豪威尔会为这些事务安排时间，确保它们在适当的时候得到充分的关注和处理。

在确保以上两项工作得到处理后，他才会去做紧急但不重要的事情。例如一些日常的文书工作、非关键性的会议等。这些事务可能需要快速回应，但并不直接影响战役的结果。艾森豪威尔通常会将这些事务委派给副手或下属处理，以便自己能够专注于更重要的决策。

最后，他会推迟处理或忽略不重要且不紧急的事情。例如不必要的社交活动或日常琐事，这些事务对战争的成败没有实质性影响。艾森豪威尔会将这些事务推迟处理，或在时间充裕时才考虑处理，有时甚至直接忽略。

通过这些方法，艾森豪威尔确保自己始终专注于那些最为关键的事务，最终成功领导了诺曼底登陆。这种时间管理方法后来被称为"艾森豪威尔矩阵"，并广泛应用于各类组织和个人的时间管理中。

艾森豪威尔的故事告诉我们，学会分清轻重缓急是处理琐事的关键。通过这种方法，我们可以在纷繁复杂的任务中找到清晰的方向，集中精力完成最重要的事情，从而在学习、工作和生活中取得更好的成绩。

那么，如何分清繁杂事务的轻重缓急呢？

1. 列出所有任务

首先，把当天或一段时间内需要完成的所有任务列出来，不论大小。把任务放在纸上或电子设备中，这样更容易看到整体情况。

2. 任务分类

根据任务的性质，把它们分为四类：

（1）重要且紧急。这些任务必须马上完成，否则会产生严重后果。

（2）重要但不紧急。这些任务对长期目标很重要，但可以稍后处理。

（3）不重要但紧急。这些任务通常需要立即处理，但对长期目标没有太大影响。

（4）不重要且不紧急。这些任务没有太大影响，可以考虑不做或安排在闲暇时间完成。

3. 定期调整优先级

有些任务的紧急程度可能会随着时间而变化，因此需要定期回顾和调整任务清单，确保优先级的准确性。

4. 保持灵活性

虽然制订计划很重要，但生活中总会有意外发生。保持灵活性，适应变化，必要时重新调整优先级。

感悟

分清轻重缓急是一项重要的生活技能，它能帮助我们从日常琐事中"突围"出来，提升效率并减少压力。通过合理安排任务的优先级，我们能够更好地掌控时间，达成自己的目标。学会分清事情的轻重缓急，才能真正掌控自己的生活，不再被琐事和压力左右。

不要把简单问题复杂化

有些人喜欢把琐事复杂化，花很多心力去研究，结果越研究越复杂，最后不知道如何应对。实际上，很多时候，解决某些问题只需简单的意念与直觉。照着直觉去做，这样就能把自己从令人身心俱疲的缠绕中解救出来。

国外某报纸曾举办过一项高额奖金的有奖征答活动。题目是："在一个充气不足的热气球上，载着三位关系世界命运的科学家。第一位是环保专家，他的研究可拯救无数的人们，免于因环境污染而面临死亡的厄运。第二位是核子物理专家，他有能力防止全球性的核战争爆发，使地球免于遭受灭亡的绝境。第三位是农业专家，他能在不毛之地，运用专业知识成功种植粮食，使几千万人脱离因饥荒而亡的命运。此刻热气球即将坠毁，必须至少扔出一个人以减轻载重，其余的两人才有可能存活——如果继续超重，可能需要再扔下一个人。请问该丢掉哪位科学家？"

问题刊出之后，因为奖金的数额相当庞大，各地答复的信件如雪片般飞来。在这些答复的信中，每个人皆竭尽所能、天马行空地阐述必须扔掉哪位科学家的见解。

最后结果揭晓了，巨额奖金的得主是一个小男孩。

他的答案是——将最胖的那位扔出去。

这个小男孩睿智而幽默的答案提醒人们：最单纯的思考方式，往往会比复杂地去钻牛角尖更能获得好的成效。

尽管解决疑难问题的方式有很多，但归纳起来只有一种，那就是真正切合该问题的实际，而非自说自话、脱离问题本身的盲目探讨。所以，往后如遭遇任何困境，不妨先仔细想清楚问题真正的重点何在。

通过单纯化的思考，将思考的方式模式化，训练成为日常的习惯。经过反复的运用，假以时日，人们将不会再被问题复杂的表象所困惑，拥有足够的智慧找出解决问题的答案。

一个农民从洪水中救起了他的妻子，他的孩子却被淹死了。事后，人们议论纷纷。有人说他做得对，因为孩子可以再生一个，妻子却不能死而复活。有人说他做错了，因为妻子可以另娶一个，孩子却没办法死而复活。实际上，在洪水袭来时，妻子在农民身边，他抓住妻子就往山坡游，待返回时孩子已被洪水冲走了。

假如这个农民将先救谁的问题复杂化，事情的结果又会是怎样呢？

洪水袭来了，妻子和孩子被卷进漩涡，片刻之间就要没命了，而这个农民还在山坡上左右权衡：救妻子还是救孩子？也许等不到农民得出答案，洪水就把他的妻儿都冲走了。

人们经常把一件事情想得非常复杂，在做事之前思前想后，再三权衡利弊。之所以犯这种毛病，根源在"把事情复杂化"上，这样就有意无意地给自己设置了许多"圈套"，在其中钻来钻去。殊不知，解决问题的方法在这些"圈套"之外。

　　世界上的许多事原本都很简单，只是因为人们复杂的思维模式而变得复杂。人们和这些复杂问题不断地斗争，并且依据各种理论、各种经验，用一些连自己也不明确的方法来解决问题。实际上，解决这些复杂的问题，最好的方法往往就是运用简单思维。

第一章　从琐事中找回主动权

第二章

通过琐事提升思考力

从家务中学会思考

家务，听起来似乎与思考毫无关系，但实际上，家务中蕴含着许多启发我们思考的机会。无论是打扫房间、整理衣物，还是做饭、洗碗，这些看似简单的琐事，背后有着丰富的思维训练场。通过认真对待家务活，我们不仅可以提升生活技能，还能够培养出更加敏锐的思考能力。

理查德·费曼是20世纪著名的物理学家，也是诺贝尔奖获得者。他以擅长将复杂的物理概念通俗易懂地解释出来而闻名。许多人不知道的是，费曼的许多灵感，来自他对日常琐事的观察和思考，而这些琐事中就包括了家务。

费曼小时候非常喜欢帮母亲做家务，尤其是洗碗。和许多孩子不同，他并不认为洗碗是一件枯燥的事，而是将其视为一种探索和学习的机会。有一次，他在洗碗时，注意到盘子在水中的运动方式非常有趣——当他用力甩干净盘子时，盘子会在空中旋转，而上面的水滴向不同的方向飞溅。这个看似平常的现象激发了费曼的好奇心，他开始思考这些水滴的运动轨迹及其背后的物理原理。

费曼没有因为家务而忽略这些观察，而是通过这些观察培养了自己对世界的好奇心和探索精神。后来，他将这种好奇心延续到了物理学研究中，提出了许多创新的观点。费曼的故事告诉我们，家务活不仅仅是琐碎的劳动，它还可以是激发思考和创新的契机。

我们每天都在处理各种各样的家务，干好这些家务不仅能保持家庭环境的整洁，还能为我们提供思考的机会。以下是几种常见的家务，以及它们如何帮助我们培养思考能力。

1. 打扫房间，思维的整理与归纳

打扫房间看似简单，但它其实是一项需要计划和逻辑的活动。我们需要决定从哪里开始，如何有序地完成任务，避免重复劳动。打扫房间还涉及分类和整理，这需要我们考虑物品的用途和摆放位置，这种思维方式与我们在学习中归纳总结知识点非常相似。

在打扫房间时，可以思考如何提高效率，如何通过一次清洁达到更好的效果。这些思考可以应用到学习中，帮助我们更有效地整理笔记和复习资料。

2. 整理衣物，系统性思考与分类

整理衣物是另一项需要系统性思维的家务活。我们需要将衣物分类，按季节、用途或颜色进行整理，并且考虑如何最大限度地利用储物空间。这种过程不仅锻炼了我们的分类能力，还帮助我们学会在复杂的情况下做出合理的决策。

通过整理衣物，可以反思如何在生活中保持条理性，比如安

排学习时间、处理日常事务；还可以思考如何优化日常安排，让生活变得更加井井有条。

3. 做饭，创造力与逻辑思维的结合

做饭其实是一项极具创造性和逻辑性的家务活。我们需要按照食谱准备食材，同时也可以根据个人口味进行调整。做饭需要合理安排时间，确保所有食材都在合适的时间准备好。这不仅考验时间管理能力，还要求在操作过程中进行持续的判断和调整。

做饭时，可以思考如何通过调整配料或烹饪方法，创造出更美味的菜肴。这种创造性思维可以延伸到学习中，帮助我们用不同的方法解决问题。

4. 洗碗，专注力与耐心的训练

洗碗看上去是最无聊的家务活之一，但它其实是培养专注力和耐心的好机会。洗碗需要注意细节，确保每个碗盘都清洗干净。洗碗的过程是重复的，这需要保持耐心，并且在枯燥的任务中找到自己的节奏。

在洗碗时，可以思考如何在枯燥的任务中保持专注。这种专注力可以帮助我们在学习时更好地集中注意力，特别是在面对烦琐或重复的学习任务时。

　　伟大常常隐藏在日常琐事中。家务活不仅仅是简单的劳动，它们还可以是培养思考力和生活技能的课堂。从家务中学会思考，不仅能够让我们更好地完成这些日常任务，还能帮助我们养成受益终身的思维习惯。家务中的思考力训练，让我们在应对学习和生活中的挑战时，能够更加从容和自信。无论是整理房间、做饭，还是洗碗，每一项家务都能成为我们成长的一部分。通过这些简单的日常活动，我们可以在琐事中找到智慧，进而掌控自己的生活。

零碎时间也能成就大智慧

在快节奏的生活中，我们常常被各种任务所牵引，似乎总是没有足够的时间去思考和反思。然而，如果我们仔细观察，会发现生活中有很多零碎的时间，如等车、排队或者短暂的休息时刻等，这些时间看起来微不足道，但如果加以利用，往往能成为深度反思和自我提升的宝贵机会。

村上春树是日本著名作家，以其独特的叙事风格和深刻的思考力而闻名。他的许多作品都充满了哲理性思考和对生活的深刻洞察。村上春树不仅是一位作家，还是一位跑步爱好者。他曾在书中提到，跑步不仅是他保持健康的一种方式，更是他用来反思和理清思路的重要手段。

村上春树每天都会抽出时间跑步，无论是清晨还是黄昏。对于他来说，跑步的时间就是他反思的时间。在跑步时，他会回顾自己一天的工作、写作的进展，甚至是生活中的一些困惑和烦恼。通过这样的方式，他不仅保持了身体的健康，还收获了源源不断的创作灵感。

跑步中的反思帮助村上春树整理思绪，让他在写作时能够更加集中和有条理。他曾说，跑步时的安静环境让他得以听见内心的声音，找到写作的突破口。这种利用零碎时间反思的方式，不仅帮助他提高了写作效率，也使他能够在纷繁的事务中保持内心的平静。

村上春树的故事告诉我们，零碎时间不能浪费，应是一个可以深度思考和自我提升的机会。我们每个人都可以通过类似的方式，在生活的间隙中找到自己的节奏，进行有益的反思。

生活中，我们有许多短暂但频繁出现的零碎时间，比如通勤、排队、等候会议开始甚至是吃饭时的间隙。这些时间看似零散无用，但如果妥善利用，也能够带来意想不到的收获。

利用零碎时间进行反思，并不需要专门腾出一段时间或特意做出安排，而是可以随时随地进行。以下是一些妥善利用零碎时间的小技巧。

1. 设定明确的反思目标

在进行反思之前，先设定一个明确的目标，比如今天我要反思工作中的效率问题，或者我要思考如何改善学习方法。这样可以更集中地思考，避免反思变得散乱无章。

每天设定一个目标，利用零碎时间反思这个目标的进展情况，并在必要时进行调整。

2. 随时记录思考成果

在反思过程中，如果有新的想法或发现，随时将它们记录下来。可以借助手机的备忘录功能，或者随身携带一个小本子。记录的过程不仅能更好地整理思绪，还能在日后回顾时发现自己思考的进步。

养成随时记录的习惯，无论是一个灵感、一句自我提醒，还是一个需要改进的地方，及时记录下来，以免遗忘。

3. 定期回顾反思内容

反思的成果需要经过时间的检验和调整。定期回顾自己在零碎时间中的反思内容，看看有哪些地方已经改进，有哪些地方还需要继续努力。这种回顾不仅能帮助自己更好地巩固反思的成果，还能激励自己在下一次反思时更加认真。

每周或每月抽出一点时间，回顾之前的反思笔记，总结经验教训，并为接下来的反思设定新的目标。

4. 保持思维的灵活性

在零碎时间的反思中，保持思维的灵活性尤为重要。不要拘泥于特定的问题或答案，允许自己跳出框框进行自由联想和思考。这种灵活的思维方式可以激发创造力，让自己在不经意间发现新的解决方案或灵感。

在反思时，试着打破常规思维，挑战自己从不同角度看待问题，问问自己"还有没有其他可能的答案。"

我们总是会忽视零碎时间，认为它们对生活没有太大的影响。然而，正是这些看似无用的时间，如果合理利用，可以成为我们反思和提升自我的好机会。像村上春树那样，在日常生活的空隙中找到自己的节奏，进行有意义的反思。每个人都可以通过对零碎时间的利用，逐渐形成深刻的思考力，改善自己的生活和学习状态。记住，零碎的时间也可以成就大智慧，只要善于利用它们。

利用琐事培养观察力

观察力是一种重要的思维能力，它帮助我们通过细致入微的观察发现隐藏在表象之下的真相和细节。无论是在学习、工作，还是日常生活中，强大的观察力都能使我们更加敏锐地理解周围的世界。培养观察力不仅能够提升我们的认知能力，还能帮助我们在日常琐事中发现新的机会和思路。

谢尔盖·布林是Google的联合创始人之一，他的成功很大程度上得益于他出色的观察力。布林在斯坦福大学读研究生时，注意到互联网上的信息量正在急剧增长，而现有的搜索引擎在帮助用户找到所需信息时表现得非常糟糕。他观察到，传统的搜索引擎只是在匹配关键词，而忽视了页面之间的链接关系。

布林通过对网络结构的细致观察，意识到如果能利用网页之间的链接来判断网页的重要性，搜索结果的质量将大大提高。这一观察最终催生了PageRank算法，成为Google搜索引擎的核心技术之一。正是这种观察力，让布林和他的合作伙伴拉里·佩奇在信息爆炸的时代找到了新的商业机会，并最终创造了改变世界的企业——Google。

布林通过仔细观察现象，发现了隐藏的规律，我们也可以在看似平凡的事物中发现巨大的机会。这种能力不仅适用于商业领域，也适用于我们日常生活中的各种场景。

观察力不仅仅是天生的，也可以通过后天的训练和实践来不断提升。日常生活中的许多琐事，都是我们培养观察力的好机会。要让观察力成为自己日常生活的一部分，关键在于保持好奇心和专注力。以下是一些小技巧，帮助我们在日常生活中更好地培养观察力。

1. 每天设定一个观察目标

每天为自己设定一个观察目标，比如今天我要观察街道上的人流，或者我要留意同学们上课时的表现。这种目标导向可以帮助自己更有目的性地培养观察力。

每天出门前，给自己设定一个目标，看看在这一天中发现了什么新的东西。通过这种方式，不断提升自己的观察力。

2. 记录观察结果

将观察结果记录下来，可以更好地整理思绪，并在日后进行反思和总结。使用笔记本或手机来记录每天的观察发现，并定期回顾。

养成每天记录观察的习惯，无论是一个有趣的发现，还是一种新的思考方式，及时记录下来，以便日后参考。

3. 与他人分享自己的观察结果

与他人分享自己的观察结果，不仅能加深自己对这些观察的理解，还能通过交流获得更多的视角和见解。通过讨论，可以进一步提升自己的观察力。

与朋友或家人讨论观察发现，听取他们的意见和反馈。通过这种交流，可以获得更多的灵感和启示。

4. 保持开放的心态

观察力的培养需要保持开放的心态，愿意接受新的事物和观点。不要局限于某一种看法或经验，而是时刻保持好奇心，探索未知的世界。

在面对新的环境或挑战时，试着保持开放的心态，不断地观察和学习。这种方式可以帮助我们在日常生活中不断提升自己的观察力。

感悟

细节中往往隐藏着世界的真相，只有敏锐的观察力才能揭示它们。通过在日常生活中培养观察力，我们可以发现许多平时不易察觉的细节，并从中获得新的见解和灵感。观察力是一种可以通过日常生活中的琐事培养的宝贵能力。无论是在散步、对话、阅读时，还是在简单的家务活动中，我们都可以练习观察，提升对细节的敏感度。

琐事中也存在机会

善于发现别人忽视的细微之处，这是成事的基本功之一。

有一位美国青年在某石油公司工作，每天的任务就是双眼瞪着机器：当石油罐在输送带上移动到旋转台的位置时，就会有焊接剂自动滴下、沿着盖子回转一周，一项工序就宣告完成了。

他每天的工作就是注视着这个旋转台，单调而乏味，似乎一个小孩都能胜任这份工作。

如果他这样年复一年、日复一日地工作，终究也只是一个碌碌无为的"小工人"，直至成为"老工人"，遇到经济萧条还免不了会失业下岗。

然而，这位青年平时遇事特别喜欢琢磨。他反复观察旋转台的工作状况，终于发现：罐子每旋转一次，焊接剂便自动滴落39滴，然后焊接工作便告结束。他想，在这一连串的工作中有没有什么可以改进的地方呢？如果将焊接剂减少一两滴能不能降低成本呢？

经过一番研究，他研究出了"37滴型"焊接机。但是很快他发现，利用这种机器焊接出来的石油罐偶尔会漏油。他不灰心，接着又研制出了"38滴型"焊接机。这次效果非常理想，得到了公司的很高评价，不久就真的生产出了这种焊接机，工厂开始采用这种全新的焊接方式。

虽然这一改进只是节省了一滴焊接剂，可就是这"一滴"却能给公司创下每年5亿美元的利润。这位青年也因此受到公司的重用。

一般人可能会忽略身旁的小事，认为小事无足轻重，可是如果能留意小事的缘由，说不定也能为自己赚来意想不到的财富。日本的池田菊苗博士很善于从小处着眼，想出大点子。

有天在家吃饭时，池田菊苗用筷子下意识地搅了搅热汤，喝了一口问妻子："嗯，味道很鲜美，用了什么佐料？"妻子回答说："今天的汤是用海带煮的。"

小孩听了，突然插嘴说："爸爸，海带为什么会有鲜味？"

在通常情况下，一般人都不会在意这个小问题，但是池田菊苗博士却认真地思索鲜味究竟是怎么来的。他开始分析海带的成分，经过多次加工提炼后，他发现了一种白色结晶的物质对调味很有用处，这就是世界上最早的味精。后来，他又从其他物品中提取出成本更低的味精，然后申请专利，开办工厂大量生产，为他带来巨额的利润。

找出奥秘，往往能给自己带来新的发现。如果因事小而不为或者不以为然，只会使自己与机会擦身而过。对微小事物的仔细观察，就是商业、艺术、科学及生命各方面的成功秘诀，人类的知识都是世代相传的小事情的积聚，也是从知识及经验的一点一滴汇集起来，继而积成一个庞大的知识金字塔的。

感悟

机会是流动的，不知道什么时候会轮到自己，相信很多人都曾有过这种感慨。但只要能多留意身边的小事情，照样也能获得很多机会。获得机会，不一定要有高深的学识，也不一定要有过人的天赋，但绝不能缺少敏锐的观察力与深入的思考力。

第三章

时间的利用：
从琐事到高效

神奇的任务分块法

任务分块法是一种有效的时间管理方法，它将一天的时间划分为不同的时间段，每个时间段专注于特定的任务。这种方法不仅能够帮助我们更好地应对琐事，还能显著提高工作和生活的效率。

任务分块法的基本原理非常简单：将一天的时间按照任务的重要性和紧急性进行分块，每个时间段只专注于一个任务。这种方法之所以有效，是因为它能够帮助我们集中注意力，减少分心，避免因为多任务处理而导致效率下降。

任务分块法并不是现代才有的时间管理方法，早在18世纪，美国的政治家、科学家、作家本杰明·富兰克林就已经开始使用类似的方法来管理他的日常生活。

富兰克林每天早晨起床后，都会花一段时间思考当天的目标，他会问自己："今天我要完成什么有意义的事情？"随后，他会将一天的时间划分为几个明确的时间段，每个时间段都有特定的任务安排。富兰克林不仅是一位成功的政治家，还是一位多才多艺的科学家和发明家，这得益于他对时间的高效管理。

富兰克林会将早晨的时间用于阅读和学习，中午则专注于工作，下午安排实验和发明，晚上用来进行社交和写作。通过这种任务分块法，他在各个领域取得了卓越的成就，并为后人树立了管理时间的榜样。

任务分块法有如下五个核心步骤。

1. 列出任务清单

首先，将当天需要完成的所有任务列出来。这些任务可以是工作上的，也可以是生活中的琐事，如完成一份报告、处理邮件或是做家务。

2. 确定任务优先级

一旦列出了任务清单，就需要根据任务的重要性和紧急性来确定优先级。可以参考我们在第一章里所介绍的艾森豪威尔矩阵，将任务分为"重要且紧急""重要但不紧急""紧急但不重要"和"不重要且不紧急"四类。

3. 划分时间段

将一天的时间划分为不同的时间段，每个时间段专注于一类任务。例如，可以将上午的时间段用于处理重要且紧急的工作任务，下午的时间段则用于完成重要但不紧急的任务。

4. 专注于当前任务

在每个时间段内，只专注于当前任务，不受其他任务的干扰。

这意味着在处理某个任务时，不要分心去处理其他的事情。

5. 定时休息

为了保持高效工作，不要忘记在每个时间段结束后安排短暂的休息时间。这样可以在接下来的任务中保持充沛的精力和集中力。这一个步骤被很多人所忽略，但实际上很重要。

感悟

任务分块法是一种简单而有效的时间管理方法，无论是在工作、学习还是日常生活中，都能帮助我们更好地管理时间，提升效率。通过将一天的时间划分为不同的时间段，我们可以避免多任务同时处理带来的混乱和分心，在每个时间段内专注于一项任务，从而达到事半功倍的效果。很多成功人士都在生活中运用了任务分块法来管理自己繁忙的日程，取得了卓越的成就。每个人都可以通过这种方法，找到自己管理时间的最佳方式，实现个人和职业的高效发展。

合理利用日程表

你是不是常常感到时间不够用，不知道时间都去哪儿了？

如果答案是肯定的，那你很可能是迷失在琐事中了。每天做一个日程表，可以让我们在当天有序地完成更多的任务，同时还能保持生活的平衡。

温斯顿·丘吉尔是英国前首相，在"二战"期间表现卓越。在战火炽烈的危急时刻，丘吉尔通过日程表将工作与生活安排得井井有条，以确保高效工作和良好的身心状态。

丘吉尔通常会在上午7：30醒来，但他并不会立刻下床，而是在床上花两到三个小时处理公务。他的秘书们会将重要的文件和电报送到他的卧室，他会在床上阅读、写作，并与秘书讨论政务。

在床上工作一段时间后，丘吉尔会在上午10：00享用丰盛的早餐。早餐结束后，他会安排会议或与内阁成员讨论国家大事。

下午1：00到2：00是丘吉尔的午餐时间。丘吉尔非常重视午餐，这是他一天中的重要时刻，通常他会邀请同事、政治家或家人共进午餐。

午餐后，丘吉尔会午睡一个小时，他相信午睡能够帮助他恢复精力，保持高效。

午睡醒来后，丘吉尔会在下午4：00左右开始工作。除了各种会议、决策和写作，他还会利用这个时间段处理外交事务、撰写演讲稿或回信。

晚上8：00，丘吉尔通常会安排一顿长时间的晚餐，邀请客人或同事。晚餐不仅是进餐时间，也是交流意见和讨论策略的时刻。

晚餐后，丘吉尔会花时间进行社交活动，有时也会继续工作到深夜。丘吉尔常常在深夜写作，他撰写了大量的书籍和文章，包括他的回忆录和关于战争的作品。他利用夜晚的安静时光进行深入的思考和写作，这帮助他在繁忙的政治生涯中保持清晰的思路和创造力。

日程表的核心在于提前设定一天的目标，并合理安排每个时间段的任务。以下是制作日程表的几个关键点。

1. 设定每日目标

每天开始时，先设定自己今天想要达成的目标。这些目标可以是学习上的、工作上的，或者是生活中的任务。设定目标时要尽量具体、明确，并且可以衡量。

例如，今天的目标可以是完成一篇论文、回复所有重要邮件、进行一小时的锻炼，或者是完成家务清单中的任务。

2. 列出待办事项清单

将一天中需要完成的所有任务列出来，形成一个待办事项清单。从这份清单中可以清晰地看到一天的工作量，并且避免遗忘重要的任务。

待办事项清单可以包括完成项目报告、开会、处理客户反馈、打电话预约医生、接孩子放学等。

3. 安排时间段

根据任务的优先级和所需时间，把一天的时间分为多个时间段，每个时间段专注于完成一项或一组任务。重要且紧急的任务可以安排在精力最充沛的时间段内，而不那么紧急的任务则安排在次要时间段。

上午9：00到11：00可以安排处理最重要的工作任务，下午2：00到4：00点可以用来完成日常事务，晚上则安排一段时间进行锻炼或放松。

4. 预留缓冲时间

在规划时间时，记得预留一些缓冲时间，以应对突发情况或延迟任务。这样可以避免因为某项任务的延误而打乱整个日程。

如果预计一项任务需要一个小时，可以考虑预留15分钟的缓冲时间，以防止任务拖延或者出现意外情况。

5. 回顾与调整

在一天结束时，花10分钟回顾当天的日程表，看看哪些任务完成了，哪些任务没有完成，并分析其原因。这种回顾可以帮助我们不断优化时间规划方法，逐步提高效率。

日程表不仅帮助我们高效完成任务，还能让我们在日复一日的努力中，逐步实现自己的长期目标。无论学生、职场人士还是居家人士，都可以通过日程表规划好今天，掌控自己的未来。

打造"无干扰"时段

伴随智能手机的全方位覆盖，我们时刻被各种信息所干扰与包围：社交媒体的通知、手机铃声的打扰、随时可能到来的电话和邮件。这些干扰不仅打乱了我们的思绪，还严重影响了我们的工作效率。要想在繁忙的日常中保持专注，高效完成任务，不妨试着打造一个"无干扰"时段。

"无干扰"时段是指在特定的时间段内，我们完全隔绝外界的干扰，只专注于当前的任务。这种方法能够帮助我们进入深度工作状态，提高工作效率，完成高质量的工作。

J.K.罗琳是《哈利·波特》系列的作者，是世界上最成功的作家之一。她在写作《哈利·波特》时，面对的挑战不仅仅是创作本身，还有家庭、生活和外界的干扰。为了确保能够专注于写作，罗琳为自己打造了一个"无干扰"时段，这段时间对她来说，就像施了魔法一般，帮助她完成了这一伟大的作品。

罗琳在写作时，常常会选择深夜作为自己的"无干扰"时段。这段时间，家里安静，没有电话和邮件的干扰，她可以完全沉浸在自己的幻想世界里，专注于故事的创作。为了确保自己不被打扰，罗琳甚至会选择去一家安静的咖啡馆，关掉手机，把所有的注意力都集中在写作上。

这种"无干扰"的写作时段帮助罗琳在短时间内高效地完成了《哈利·波特》系列的创作。她的成功不仅来自她的才华,更得益于她对时间和环境的巧妙管理。

在工作中,我们的注意力经常被各种干扰分散,导致任务完成的效率低下。每一次被打断后,我们的大脑都需要时间重新集中注意力,恢复到之前的工作状态,这不仅浪费了时间,还降低了工作的质量。打造"无干扰"时段的重要性在于,它能够帮助我们避开干扰,确保我们在特定时间段内,完全专注于手头的工作。

打造"无干扰"时段并不困难,但需要一定的计划和自律。以下是一些实用的方法,帮助我们在日常生活中建立和维护"无干扰"时段。

1. 选择合适的时间段

选择一个自己最有精力和最不容易被打扰的时间段,作为"无干扰"时段。这个时间段因人而异,有些人喜欢早晨,有些人则更喜欢深夜。

如果发现自己在早晨精神最为饱满,不容易被外界干扰,那么可以将早晨的时间段设定为"无干扰"时段。在这段时间内,可以专注处理需要高度专注力的任务,如写作、学习或策划工作。

2. 设定明确的工作目标

在"无干扰"时段开始之前,为自己设定一个明确的目标。

这样自己可以更好地利用这段时间，并避免分心。

例如，可以设定"在接下来的两小时内完成项目报告的初稿"或"在'无干扰'时段内复习两章课程内容"等目标。明确目标可以使我们保持专注，并在目标完成后获得成就感。

3. 消除干扰源

在"无干扰"时段内，尽量消除所有可能的干扰源。关掉手机通知、电子邮件提醒，告知家人或同事自己需要一段不被打扰的时间。

将手机调至静音模式或飞行模式，暂时关闭电脑上的聊天软件和邮件提醒，如果是在家工作，提前告知家人自己需要这段时间不被打扰，创造一个安静的工作环境。

4. 定期复盘与调整

每周或每月回顾一次，记录工作效率和任务完成情况，看看是否需要改变无干扰时段的安排，或者优化环境以进一步提高专注力。

"无干扰"时段并不局限于每天的某个时间段，还可以扩展到某天甚至某周。

比尔·盖茨为了确保自己有足够的时间来思考重大问题，会定期安排一段时间，他称为"思考周"（Think Week）。在这段时间内，他远离公司的日常事务，来到一个僻静的地方，专注于阅读、思考和写作。"思考周"期间，盖茨会带上一大堆书籍和文件，彻底关闭电话和邮件，不受外界任何干扰。这段时间让他能够深度思考微软的未来战略，探索新的技术和商业模式，为公司的发展制定长远规划。

盖茨的"思考周"不仅帮助他在商业领域做出许多关键决策，还成为他创新和持续成功的重要源泉。

我们也许不能像盖茨那样安排"思考周"，但可以在日常生活中打造属于自己的"无干扰"时段，全身心投入一些重要的事务之中。

感悟

专注成就卓越，静心缔造深度。在干扰无处不在的时代，专门为自己创造一段不受干扰的时间，能够显著提高专注力和工作效率。像J.K.罗琳和比尔·盖茨这样的成功人士，都通过"无干扰"的工作时间，在各自的领域取得了卓越的成就。通过在日常生活中应用"无干扰"时段，我们也可以更加专注，取得更高的成就，享受更加充实和有序的生活。

小事之中的"大"影响

我们经常会忽视一些看似微不足道的小事，认为它们不会对我们的生活产生什么影响。然而，正是这些小事，通过不断的积累，往往能对我们的生活、工作和成长产生深远的影响。管理好这些小事，不仅能够提升我们的效率，还能帮助我们在未来实现巨大的目标。

王永庆（1917—2008年）是中国台湾省著名企业家，被誉为"台湾经营之神"。他是台湾塑胶工业股份有限公司（台塑）的创办人之一，台塑集团也因他而发展成为全球知名的集团。

王永庆出生于中国台湾省台北县（现新北市）永和区的一个贫困家庭，家中以种田为生。他从小就展现出聪明好学、吃苦耐劳的特质。由于家庭经济困难，他很早就辍学，开始打工补贴家用。他做过米店学徒和木匠，16岁时靠仅有的200元钱在台湾的嘉义开了家米店。

当时，嘉义已有30多家米店，竞争非常激烈。没有任何优势可言的王永庆在背着米挨家挨户地推销过程中，从提高服务质量上找到了切入点。他发现其他米店都是将碾好的米直接出售，由于当时技术落后，米碾压后多晾晒在马路上，掺杂了不少的砂粒、石子，他在不提高价格的前提下，将砂粒、石子捡干净后再出售，这样就减少了客户淘米时的麻烦而备受客户喜爱。

同时，他首推了送货上门服务，并在送米时详细记下每户有几口人，甚至每个人的饭量有多大，据此推算客户下次买米的时间。而后提前一两天，他会将相应数量的米送到客户家中。

将新米倒入米缸时，王永庆会先将旧米倒出另放，等新米倒入缸中，他再把旧米放在新米的上面。这样，客户的旧米就不会一直在底下变成陈米。凭着这些点滴小事和细致入微的服务，王永庆成为嘉义最大的米商，为他后来的事业发展打下了基础。

在以后的木材经营和塑胶生产中，成为企业老总的王永庆，在检查企业生产营销过程中，一如既往地保持了对每个生产和管理环节的细致了解与观察，从点滴的小事中节能降耗，提高员工工作效率，从而使他开创了问鼎台湾首富的辉煌事业。

让人疲惫不堪而又难以阔步远行的，不是横亘在面前的高山峻岭，而是掉进自己鞋子里的微不足道的沙子。在我们每个人成长的道路上，需要随时倒出那粒沙子。生活中，能够击垮我们的，不是巨大的挑战，而是一些小事、一些细枝末节。而正是这些微不足道的小事、小细节，无休止地消耗着我们的精力，阻碍了我们成功。

查尔斯·狄更斯在他的作品《一年到头》中写道："有人曾经被问到这样一个问题：'什么是天才'？他回答说：'天才就是注意细节的人。'"

小事之所以能产生"大"影响，关键在于它们通过日积月累，不断强化或改变我们的行为、习惯，最终形成想要的结果。每个细节，串联起来就成了习惯。正是这些细微的习惯构成了一个人的素质底蕴。习惯，决定了一个人的人生。小事的注意、细节的养成，决定了事业的成败。小事成就大事，细节成就完美，习惯改变人生。

要管理好小事，我们可以从如下几点着手。

1. 坚持良好的习惯

良好的习惯往往从小事开始。每天早晨按时起床、每天锻炼半小时、每天读书半小时，这些看似微小的习惯，在长期坚持下，能对我们的身体健康、知识积累和生活质量产生深远影响。比如，每天读书半小时，一年下来就能读完十几本书；每天锻炼半小时，长期下来就能保持良好的体形和健康状态。良好的习惯通过日积月累，最终将形成巨大的优势。

2. 注意工作中的细节

在工作中，细节往往决定了任务的成败。仔细检查邮件中的每个字、认真校对每份报告、确保每个数据的准确性，这些小事在工作中积累起来，可以提升我们的专业形象，避免重大错误的发生。例如，一名优秀的编辑在发布每篇文章前，都会仔细检查文字的准确性，避免错别字和语法错误。正是这种对细节的关注，帮助他在竞争激烈的行业中脱颖而出。

3. 管理时间中的琐事

每天整理工作空间、每天列出待办事项、每天设定一个小目标，这些小事虽然看起来不那么重要，但能帮助我们更好地管理时间，避免浪费时间，从而提高工作效率。

4. 与人交往中的小事

在与人交往中，一句问候、一声感谢、一次真诚的帮助，这些小事能够拉近人与人之间的距离，建立更深的信任关系。长此以往，这些小小的互动会让我们在人际关系中建立良好的口碑和人缘。

感悟

小事常常被我们忽视，但正是这些微不足道的小事，通过不断积累，最终决定了我们生活和工作的成败。小事决定成败，细节铸就辉煌。通过关注和管理生活中的小事，我们可以在细微之处找到提升效率、实现目标的契机，最终取得卓越的成就。

第四章

从琐事中培养自律

自由来自自律

当我们谈论"自律"时，很多人会把它与"限制"和"约束"联系在一起，认为自律意味着放弃自由，意味着严格的自我管理和对欲望的压抑。然而，事实上，自律与自由并不是对立的，而是互相成就的。自律能够带来更大的自由，让我们在生活中拥有更多的选择和掌控权。

尼采是19世纪著名的哲学家，以其深刻的思想和挑战传统的观点而闻名。尼采提出了许多关于自由和自律的观点，他认为"成为你自己"是人生的最高目标，而实现这一目标的途径之一就是通过自律来获得真正的自由。

尼采并不认为自由是随心所欲地做任何事情，相反，他强调"自我控制"的重要性。他认为，只有通过自律，才能摆脱外界的束缚和内在的冲动，进而实现真正的自由。尼采提出了"超人"概念，认为人类应当通过不断的自我提升和自我约束，超越自己的局限，达到更高的存在状态。

尼采的生活也体现了这一哲学观点。他在写作和思考中，始终坚持严格的自律作息。他每天清晨早起，固定时间进行阅读、写作和思考，保持高度的精神集中。正是这种严格的自律，帮助他在短暂的人生中创作出了大量深刻的哲学作品，并在思想上达到了前所未有的高度。

尼采的这一哲学理念告诉我们，自律不仅不是自由的对立面，反而是通向真正自由的必要途径。通过自律，我们可以掌控自己的生活，实现内在的自由和个人的真正成长。

1. 自律带来时间的自由

通过自律，我们可以更好地管理时间，避免将其浪费在无意义的事情上。自律使我们能够集中精力完成重要任务，从而腾出更多时间去做自己喜欢的事情。例如，一个每天自律地早起并制订详细计划的人，能够在一天中高效完成工作或学习任务，并在剩余时间里自由安排自己的兴趣爱好和休闲活动。

2. 自律带来选择的自由

自律使我们能够控制自己的行为和欲望，从而在面临选择时，更加理性和冷静。自律让我们在关键时刻能够做出符合长期目标的选择，而不是被一时的冲动所左右。例如，一位自律的学生在学习过程中，能够克制自己对娱乐活动的渴望，集中精力学习，从而在考试中取得优异成绩，进而获得更多选择未来的自由。

3. 自律带来内在的自由

自律不仅帮助我们掌控外在的生活，还能带来自我认知和内心的自由。通过自律，我们可以克服内心的焦虑和恐惧，达到内心的平静和自信。例如，尼采通过自律的生活方式，保持思想的独立和深度，避免了被外界的流行观念所左右，获得了思想上的自由和超越。

4. 自律带来财务的自由

财务管理中的自律，比如合理规划消费、定期储蓄和投资，能够帮助我们积累财富，从而实现财务的独立和自由。例如，一位年轻人通过自律地控制开支，并坚持储蓄和投资，在中年时积累了一笔可观的财富，从而能够选择提早退休或追求自己真正的梦想，不必被工作所束缚。

感悟

自律是通往自由的桥梁。通过自律，我们可以更好地管理时间、掌控生活，追求内在的平静与外在的成就。自律能带来选择的自由、时间的自由、内心的自由，以及财务的自由。只有通过自律，我们才能打破束缚，实现真正的自由。

小习惯，成就自律

自律并不是一夜之间形成的，它是由无数个小习惯不断积累而来的。每一个小习惯看似微不足道，但它们通过日复一日的坚持，逐渐塑造了我们的生活方式和性格，最终形成了强大的自律能力。要想培养自律，最好的方法就是从小习惯开始。

詹姆斯·克利尔是畅销书《原子习惯》（Atomic Habits）的作者，他的书广受欢迎，影响了全球无数读者。在书中，克利尔提出了一个重要的观点：通过建立微小的、容易坚持的习惯，能够带来深远的变化。

克利尔本人就是通过建立小习惯来改变生活的。他曾在一次严重的棒球受伤后，陷入了身体和精神上的低谷。为了重建自己的生活，克利尔开始设定一些小目标，例如每天早晨起床后做几分钟的轻度锻炼，晚上睡觉前读几页书，逐渐培养良好的生活习惯。

起初，这些习惯看起来微不足道，几乎没有什么立等可见的效果。但随着时间的推移，这些小习惯在克利尔的生活中产生了累积效应。他逐渐恢复了健康，重新找回了对生活的掌控力，并最终成了一位成功的作家和演讲者。

克利尔的故事告诉我们，小习惯虽然不起眼，但它们的力量不可小觑。通过坚持每天的小习惯，我们可以逐步培养自律，改变生活。

小习惯之所以能够有效地培养自律，是因为它们容易坚持，不需要太大的意志力或时间投入。正因为如此，我们更容易将它们融入日常生活中，并持续下去。

小习惯看似微小，但通过日复一日的坚持，它们能够逐渐积累，产生显著的效果。正如克利尔所说，习惯的力量在于它们的累积。例如每天阅读10页书，一年下来就能读完3650页，相当于十几本书的内容。这种逐步积累的力量，能够帮助我们实现更大的目标。

当一个小习惯形成后，我们可以在此基础上逐渐增加新的习惯，形成习惯链。通过这种方式，将多个小习惯结合在一起，能够进一步增强我们的自律能力。例如，在养成早晨锻炼的习惯后，可以接着培养早餐前阅读的习惯，再逐渐增加写日记、规划一天的工作等习惯，最终形成一个积极的早晨习惯链。

此外，小习惯能够带来即时的积极反馈，这种反馈能够增强动力，使我们更加愿意坚持下去。每当完成一个小习惯时，就会感到一种成就感，这种成就感是继续坚持的动力来源。

以下是一些实用的建议，可以帮助我们在日常生活中培养小习惯。

1. 选择容易开始的小习惯

从最简单的小习惯开始，这些习惯不需要太多的时间和精力，容易坚持。从最容易做到的事情开始，这样能在短时间内体验到成就感，从而增强坚持的动力。例如，选择每天早晨做5分钟的拉伸，或者每天读几页书。这样的习惯几乎不需要额外的时间投入，容易在忙碌的生活中坚持下来。

2. 利用习惯触发点

将新的小习惯与已有的习惯或日常活动结合起来，利用这些"触发点"来记住并执行新习惯。触发点是每天都会做的事情，比如刷牙、喝咖啡等。例如，每天刷牙后做10个俯卧撑，或者每天喝咖啡时写一篇简短的日记。通过这种方式，我们会更容易将新习惯融入日常生活中。

3. 逐步增加习惯难度

在成功养成了一个小习惯后，可以逐渐增加这个习惯的难度，或者添加新的习惯。这样可以不断挑战自我，逐步提升自律能力。例如，先从每天读一页书开始，然后逐渐增加到每天读10页、20页，甚至更多。同样地，先从每天锻炼5分钟开始，逐渐增加到30分钟或一小时。

4. 记录进展并庆祝成就

定期记录习惯进展，并庆祝每一个小成就。每天在日记或习惯追踪应用中记录完成的小习惯，并在达成一个阶段性目标时给自己一些奖励，比如看一场电影或者吃一顿美食。记录进展可以看到自己的进步，增强动力，而庆祝成就则可以让自己更有成就感，从而更容易坚持下去。

感悟

从小习惯开始，是培养自律的最佳途径。看似微小的习惯，不断积累后能够产生巨大的影响。自律不是天生的，而是通过日复一日的坚持，从小事开始逐步建立起来的。只要我们从今天开始，选择一个小习惯并坚持下去，就能在不久的将来看到自己显著的变化。记住，小习惯，成就自律，今天的每一个小习惯，都在塑造更好的自己。

克服惰性，拥抱自律

惰性是我们每个人都会面对的敌人，它让我们拖延，让我们无法完成计划中的任务，让我们在追求目标的道路上步履蹒跚。无论是学生、职场人士，还是企业家，惰性都可能成为实现目标的绊脚石。然而，正是通过克服惰性，我们才能培养出真正的自律精神。

查尔斯·达尔文是英国著名的生物学家，以提出进化论而闻名于世。然而，许多人并不知道，达尔文在撰写《物种起源》时，曾多次陷入惰性与拖延的困境。

达尔文年轻时曾经对自己是否要发表进化论的观点充满了犹豫。这个巨大的科研项目让他感到压力巨大，而他自己也时常受到惰性的困扰。他曾在日记中多次提到自己"无法集中注意力"以及"无法继续写作"。尽管如此，达尔文明白，他必须克服这种惰性，才能完成这项伟大的工作。

为了应对惰性，达尔文制定了严格的日程安排。他每天早晨固定时间起床，安排几个小时的写作时间，不允许自己被其他事务分心。他还通过设定短期目标，来保持自己在长时间工作中的动力。例如，他会为自己设定每天完成一定数量的文字或章节，并在每次达到目标后，给自己适当的休息和放松作为奖励。

就这样，达尔文逐渐克服了惰性，完成了《物种起源》这一划时代的巨著。

达尔文的故事告诉我们，克服惰性并不容易，但通过自律和有效的时间管理，我们可以战胜内心的拖延和懒惰，最终实现自己的目标。

惰性是一种常见的心理状态，通常由以下几个因素引发。

1. 任务的庞大和复杂

当我们面对一项庞大而复杂的任务时，往往会感到不知所措，进而产生逃避心理。这种逃避心理使得我们更容易拖延，无法开始或继续任务。

应对之法：将大任务分解为小步骤，从最简单的部分入手。通过完成小步骤，逐步建立自信心和动力，减少对任务的恐惧感。

2. 缺乏明确的目标

没有明确目标时，我们容易感到迷茫，不知道从哪里开始，进而陷入拖延的循环。

应对之法：设定清晰、具体的目标，并将其分解为可操作的任务。

3. 害怕失败或不完美

对失败或不完美的恐惧，往往会让我们在面对挑战时产生惰性，害怕一旦开始就可能失败或做得不够好。

应对之法：接受不完美，并认识到失败是学习和成长的一部分。鼓励自己先尝试，即使结果不完美，也比没有行动要好。

4. 缺乏自律和习惯

缺乏良好的习惯和自律，容易导致我们在任务开始后缺乏动力，难以坚持下去。

应对之法：通过培养小习惯，逐步增强自律。每天设定小目标并坚持完成，逐渐形成自律的生活方式。

5. 没有明确的时间限制

什么时候都可以完成的事，也意味着什么时候都可以不完成。

应对之法：给每个任务设定明确的时间限制，避免无限期的拖延。时间限制能够促使你集中注意力，更快地完成任务。

------ /////// 感悟 /////// ------

通过设定明确的目标、自律以及有效的时间管理，我们可以战胜惰性。只要勇敢迈出第一步，成功就会离我们越来越近。

小恶不为，小善莫弃

千里大堤，由于蚂蚁的小窝穴而毁坏，最终必致决口。房屋因为烟筒缝里飞出的火星而焚烧。世间之事，均有一个发展与嬗变的过程，小是大的发端，大是小的聚合。一句恶语、一个恶作剧，一次两次也许不会给自己招来多大的横祸，但在有了一次两次之后，谁能保证没有三次四次N次，失之小节，常常是酿成大错的开始。

小恶虽小，但任小恶发展，迟早会从量变发展到质变。对于小恶，最好在其萌芽状态时消灭它。

在《三国演义》的第八十五回里，刘备写给刘禅的遗诏曰："勿以恶小而为之，勿以善小而不为。"意思是告诫刘禅，不要认为坏事小就去做，也不要因为好事小就不做。

春秋时期，有一次中山君宴请都城中的士大夫，司马子其也在座，中山君分羊肉羹没有分给他，他一怒之下跑到楚国，劝说楚王讨伐中山国。中山君被迫逃亡。

逃亡途中，有两个人拿着刀，尾随着保护他。中山君回过头来对那两个人说："你们为什么要这样？"这两个人说："我家有老父，有一次饿得要死，是您拿出壶中的食物给他吃。在我父亲将要死的时候，他曾说：'如果中山君有难，你们一定要以死相报。'

因此，我们追随着您，愿为您而死。"中山君听后仰天叹息说："施恩不在多少，在于他正当困危之时；结怨不在深浅，在于是否伤了人心。我因为一杯肉羹而使国家灭亡，却以一壶饭得到两位义士。"中山君的喟叹，在今天仍有其现实意义。

《易经》中云："臣弑其君，子弑其父，非一朝一夕之故，其所由来渐矣，由辨之不早辨也。"董仲舒在《春秋繁露》中说："春秋二百四十年之中，弑君三十六，亡国五十二，细恶不绝之所致也。"细恶就是小过错，小不慎则酿大祸，甚至于亡国。

哪怕只是施舍一碗饭，也会有人舍命相救；哪怕仅是少分一杯羹，也会招来灭国之祸。不要以为这仅仅是史书上的传奇，在我们的生活中，因小事而导致的大祸或大富，不是经常可以看到吗？

感悟

生活中，我们常常忽略那些看似微不足道的行为，认为它们不会产生重大影响。然而，正是这些小小的行为，构成了我们生活的整体，决定了我们未来的走向。因此，我们应当警惕自己的小恶，珍视每一个小善。每一次选择，都是在为未来奠定基础。保持善行、杜绝恶行，不仅能维护个人的品德与声誉，更能为自己和他人创造更好的生活环境。

第四章 从琐事中培养自律

不要意气用事

三句话不对头，便拍案而起怒发冲冠；两杯酒下肚，就勾肩搭背称兄道弟——这些意气用事的行为非常幼稚。意气用事是人对事物最肤浅、最直观、最浮躁的反应，它往往只从维护情感主体的自尊和利益出发，不对事物做理智深入的考虑。这样的人做事完全跟着感觉走，没有规则与法度，害人害己，还容易被他人所利用。

关羽曾经过五关斩六将、单刀赴会、水淹七军，是何等英雄气概。可是他有一个致命的毛病，就是喜欢意气用事。当刘备重托他留守荆州时，诸葛亮再三叮嘱他一定要和孙权搞好关系，可是当孙权托媒人找关羽欲结儿女亲家时，关羽居然怒气冲冲地说："我家的虎女怎么能够嫁给孙权的犬子？"不说孙权是一代豪杰，即使孙权真的不堪，关羽也不应该当着媒人的面说出如此伤人的话。

关羽不但对对手意气用事，对同僚也是如此。老将黄忠被封为后将军，关羽当众宣称："大丈夫始终不与老兵同行！"他如同一个小孩子，完全凭自己的喜怒说话行事，导致很多己方的将领对他既怕又恨，以至于当他陷入绝境的时候，众叛亲离，根本没有人救援，最后落了个败走麦城、被俘身亡的下场。

意气用事的背后，往往反映出一个人的修养不足和见识浅薄。我国古代先贤历来就很讲究"忍让"与"克制"的美德。孔子说："小不忍，则乱大谋。"荀子说："志忍私，然后能公；行忍情性，然后能修。"可见，一个人遇事沉着、冷静、忍让、谅解，这不但是一种美好的品德，而且是通往成功的重要素质。

据《史记·淮阴侯列传》记载，韩信年轻时"从人寄食"，也就是说他没有固定的工作与收入，以至于只能到别人家里去蹭饭吃，所以当地的人都很讨厌他。

在韩信经常去蹭饭吃的人家中，他最常去的是南昌亭长家。韩信因为经常去南昌亭长家里蹭饭吃，亭长的老婆不乐意了。然而要怎么样才能将韩信这个"无业游民"拒之门外呢？这个亭长老婆半夜爬起来做饭，天亮之前全家人就把饭一扫而光。韩信早上起床，空着肚子来亭长家吃饭，一看饭已经吃完了，当然明白了人家的意思。韩信一赌气，就和南昌亭长绝交了。

在当地，大家都瞧不起韩信。有一天，淮阴市面上一个地痞看韩信不顺眼，就挑衅韩信："韩信你过来，你这个家伙，个子倒是长得蛮高的，平时还带把剑走来走去的，我看啊，你是个胆小鬼！"地痞这么一说，很快就围上来一大群人看热闹。地痞一见人气正足，就想趁这个机会出出风头，于是进一步挑衅："韩信你不是有剑吗？你不是不怕死吗？你要不怕死，就拿你的剑来刺我啊！你敢给我一剑吗？如果不敢，就从我两腿之间爬过去。"

这一下子将韩信逼入了一个两难的境地：杀或爬！无论哪一

个选择，韩信都会很受伤。韩信是怎么选择的呢？司马迁用三个字来描写——"孰视之"，也就是盯着对方看。看了一阵子，韩信把头一低，就从这个地痞的胯下爬过去了，惹得围观的众人哄堂大笑。

韩信为什么能"把头一低"？

因为他是个要干大事的人。打个比方，一个怀揣利刃矢志屠龙的勇士，绝不会理会行进途中恶狗的叫声，他没有时间也懒得花精力去搭理与反击。

要避免意气用事，我们需要培养以下几个方面的修养：

第一，拥有一个高远的目标。胸怀大志、目光高远者往往不拘小节，不会为眼前一些小事情而冲动，以致于打乱成大事的节奏、分散成大事的精力。苏轼在《留侯论》中云："匹夫见辱，拔剑而起，挺身而斗，此不足为勇者。天下有大勇者，猝然临之而不惊，无故加之而不怒。此其所挟持者甚大，而其志甚远也。"他这段话的大意是：庸人受到一些侮辱就会冲动得与对方争斗，甚至敢于搏命，其实这根本就称不上勇敢；天下真正勇敢的人，遇到突发的情形毫不惊慌，无缘无故被侵犯他也不动怒——他们为什么能够这样呢？因为他胸怀大志，目标高远啊。

第二，学会"制怒"。当愤怒来临时，不妨深呼吸，默数十秒，给自己一个冷静的机会。人的暴怒往往是一瞬间的，忍过了这一瞬间，人就会变得冷静、理智、平和很多。

第三，培养换位思考的能力。在做决定前，试着从对方的角度思考问题，理解他人的立场和苦衷。这不仅能够化解矛盾，也能做出更明智的选择。每个人都有自己的难处，理解这一点，我们就能以更包容的心态面对分歧。

第四，培养自我反省的习惯。经常回顾自己的言行，总结经验教训，能够帮助我们不断改进和成长。每次意气用事后的反思，都是一次难得的自我改善机会。

感悟

不意气用事，不仅是为了避免悔恨，更是为了在人生的道路上走得更远、更稳。真正的智者不是没有负面情绪，而是能够驾驭负面情绪；也不是不会意气用事，而是能够及时悬崖勒马。

第五章

小事中的大智慧

琐事中的沟通智慧

一个人平时的一言一行都能折射和反映出他的道德风貌，不注重生活细节的人，往往会无意之中给别人造成意想不到的伤害。

一个母亲打电话给儿子。儿子接到电话就问："有事吗？"这已经成了他的习惯。母亲有些伤感，反问道："没事就不能打电话吗？你不打电话过来，是因为你忙；我打电话给你，还一定要因为什么事吗？"儿子张口结舌，怔怔地握着话筒。

儿子就这么不经意的一句回答，却伤了母亲的心。沟通的智慧往往隐藏在生活的琐事里，从这些小事中，我们可以逐步培养并提升自己的沟通能力。

亚伯拉罕·林肯是美国第16任总统，他以卓越的沟通能力和演讲才华闻名于世。他不仅在政治演讲中表现出色，更是在日常的琐事中通过良好的沟通赢得了他人的信任与尊重。林肯在与他人相处时，总是注重细节，从小事入手，从而建立起牢固的关系和有效的沟通桥梁。

林肯在担任律师时，常常接触到各种民众的琐碎法律事务。每当他与当事人沟通时，总是尽可能地使用对方能够理解的语言，耐心倾听他们的诉求和顾虑，然后再以简洁明了的方式给予建议。这种"从小事做起"的沟通方式，不仅帮助他在法律界建立了良好的声誉，也为他日后的政治生涯打下了坚实的基础。

在白宫时期，林肯也习惯通过简单的日常问候来了解内阁成员和员工的状态。他经常在办公时间的间隙与员工聊上几句，询问他们的生活状况或家人情况。这些看似无关紧要的日常对话，使他能更好地了解下属的心理状态和需求，也让他在做重要决策时能够得到更多人的支持。这种通过琐事建立起来的沟通方式，为他在政治上的成功奠定了基础。

琐事往往是沟通的基础，在日常生活中处理这些小事时，可以逐步掌握沟通的技巧，建立更深厚的人际关系。

在与他人交流时，最重要的是学会倾听。倾听不仅是听对方在说什么，还要理解对方的感受和需求。倾听有助于建立信任，创造一个开放的沟通环境。例如，当家人或朋友向你倾诉时，放下手机，全神贯注地听他们说话，并通过点头或简短的回应表示你在认真聆听。倾听是良好沟通的第一步，也是解决问题的重要途径。

关注小事是有效沟通的重要部分。很多时候，问题的关键隐藏在小事中，对小事的关注，可以帮助我们更好地理解对方的真实意图或感受。例如，在工作中，如果同事表现出不安或犹豫，你可以主动询问他们是否需要帮助，或者在对方明显情绪低落时，给予一些鼓励。这样的关注能够让沟通更加深入。

在沟通过程中，及时给予对方反馈是保持交流顺畅的关键。反馈可以是语言上的确认，也可以是非语言的回应，如点头、微笑等，这些都能让对方感到被重视。例如，在与同事讨论工作计划时，你可以通过简短的确认如"我明白你的意思"或"这个建议很好"来表示你在关注，并在适当的时候给予建设性的意见。反馈不仅能促进沟通，还能增强合作的积极性。

在日常交流中，如果气氛过于严肃，不妨用一句幽默的话来打破僵局。例如，在团队会议开始时，可以用一个轻松的开场白来缓解紧张情绪，促进团队更开放地讨论。

华特·迪士尼是迪士尼公司和迪士尼乐园的创始人，他不仅是一位卓越的创意家和企业家，还是一位善于沟通的领导者。迪士尼以其独特的沟通风格赢得了员工的尊敬和信任，这也是迪士尼帝国得以成功的原因之一。

迪士尼非常注重与员工的日常交流，他常常走进工作室，与动画师、编剧、设计师们交谈，了解他们的想法和需求。他会在休息时间与员工一起喝咖啡，听取他们的意见，甚至通过一些轻松的对话来激发创意。这些看似琐碎的日常互动，使得迪士尼公司内部形成了一种开放、平等的沟通氛围，也让员工在工作中充满动力和创造力。

迪士尼的沟通方式告诉我们，成功的沟通并不仅限于正式的场合，还包括日常琐事中的点滴积累。良好的沟通能力是通过日常的小事逐渐培养出来的，这种能力在关键时刻能够发挥巨大的作用。

在日常生活中，我们可以通过一些琐事来逐步提升自己的沟通能力，以下是几点实用的建议。

1. 日常交流中要主动

在日常生活中，主动发起交流能够帮助你更好地了解他人的想法，也能让对方感受到你的关心和尊重。主动沟通可以与对方建立更牢固的关系。例如，在家庭中，主动询问家人的近况，并倾听他们的想法；在工作中，主动向同事询问项目进展，并提供自己的建议。这样的主动沟通能够让你在日常琐事中不断提升沟通技巧。

2. 定期反思与总结

定期反思你在日常琐事中的沟通表现，找出可以改进的地方，并总结成功的经验。通过反思，你可以不断优化自己的沟通方式，使其更加高效。你可以每周花一点时间回顾你在家庭、工作和社交场合中的沟通情况，思考哪些地方做得好，哪些地方还需要改进。通过反思，你可以在持续的实践中提升沟通能力。

3. 练习同理心与换位思考

在沟通中，尝试站在对方的角度思考问题，这样可以更好地理解对方的需求和感受。同理心是建立有效沟通的基础，通过练习同理心，你可以在日常琐事中更加灵活地处理各种人际关系。

当你在与他人交流时，试着把自己想象成对方，以了解对方的感受和需求。这种换位思考能够让你的沟通更加真诚和有效。

4. 保持开放与耐心

在日常琐事中的沟通中，保持开放的态度和耐心，愿意倾听不同的意见，并给予充分的理解，可以帮你建立更加和谐的人际关系。在团队讨论或家庭会议中，鼓励每个人表达自己的想法，并耐心倾听，即使你不同意他们的观点，也要保持尊重和理解。这样的沟通方式能够让你在琐事中积累智慧，提升沟通能力。

------ ////// 感悟 ////// ------

从小事中积累沟通的智慧，好的沟通源于日常的点滴。沟通不仅仅是大场合下的演讲或谈判，它更体现在日常的琐事中。在小事中的不断练习，可以逐步掌握沟通的艺术。从小事中学会沟通，才能在大事上展现出真正的沟通能力。倾听、理解、反馈和同理心，可以帮助我们在日常生活中建立更加牢固的人际关系，实现更高效的沟通。

以适度妥协换取合作

在生活和工作的琐事中，妥协与合作是不可或缺的。尽管许多人认为妥协是软弱的表现，但实际上，懂得妥协是一种成熟的表现，是迈向成功的重要步骤。同样，合作是团队中不可缺少的元素，它能让我们通过集体的力量实现个人无法企及的目标。妥协与合作并非对立，而是相辅相成的，学会在琐事中妥协与合作，能帮助我们在重大挑战中取得胜利。

美国宇航员尼尔·阿姆斯特朗，是第一个踏上月球的人类。他的成功不仅依赖个人的勇气和智慧，更依赖他与团队之间的合作与妥协精神。阿波罗11号任务的成功，正是团队成员之间有效合作与适当妥协的结果。

在阿波罗11号任务准备阶段，宇航员团队、NASA工程师和科学家们面临着无数的挑战和压力。每一个决策都至关重要，稍有不慎就可能导致任务失败。在这样的背景下，妥协与合作显得尤为重要。

在任务中，阿姆斯特朗展现了出色的妥协能力和团队合作精神。在登月舱降落月球表面时，由于意外情况，阿姆斯特朗和他的同伴巴兹·奥尔德林不得不在极短时间内做出决定。他们的决定不仅涉及技术上的挑战，还包括如何在团队内部有效沟通和妥协。在关键时刻，阿姆斯特朗展现了他冷静的判断力和与团队的密切合作能力，最终成功将登月舱安全降落在月球表面。

阿姆斯特朗的故事告诉我们，成功并非只依靠个人的能力，多数时候需要通过妥协与合作。在日常琐事中，妥协能够帮助我们在面对分歧时找到折中方案，避免不必要的冲突。在家庭、工作和社交中，妥协能促进人际关系的和谐。

在琐事中学会妥协与合作，将有助于我们在面对大事时更从容。归纳起来，琐事中通过妥协换取合作，需要注意以下几点。

1. 寻找共同利益

先找出双方都认可的共同的利益点，围绕这一目标进行讨论，找到大家都能接受的折中方案。

2. 练习积极倾听

在团队讨论或家庭争执中，耐心听取对方的意见，不打断他们，理解他们的立场后，再提出自己的看法。这种做法能够让沟通更具建设性，更容易达成合作。

3. 灵活变通

在遇到复杂问题时，不要固执己见，尝试从不同的角度考虑问题，并愿意根据实际情况做出必要的调整。例如，在项目计划遇到阻碍时，重新评估并调整方案，以达成最终目标。

4. 共赢思维，创造双赢局面

尝试找到能够满足双方利益的方案，而不仅仅关注自己的得失。塑造共赢思维，建立长期稳定的合作关系，达到双方的共同利益。

感悟

妥协是智慧的表现，合作是力量的源泉。通过在生活中的琐事中不断练习，我们可以逐步掌握妥协与合作的艺术，助力个人和集体在前行的道路上走得更远，实现更大的成功。

小问题中的创新思维

　　创新思维并不总是源于伟大的灵感或重大事件，有时它恰恰来自我们生活中的小问题。许多改变世界的发明和创意，都是从不起眼的小问题开始的。学会在小问题中发现机会，运用创新思维解决问题，可以为我们的生活和工作带来意想不到的改变。

　　苹果公司的联合创始人史蒂夫·乔布斯，以其颠覆性的创新思维而闻名。他不仅改变了个人电脑、手机和音乐产业，还通过关注一个小问题——字体样式的美观性，彻底改变了计算机的用户体验。

　　乔布斯在里德学院学习期间，出于对美学的兴趣，他选择旁听了一门书法课。在当时，书法课并不是一门热门课程，也看似与计算机技术毫无关系，但乔布斯却被不同字体的美感深深吸引。尽管他当时并没有意识到这门课对他未来的影响，但这次经历给他留下了深刻的印象。

　　几年后，当乔布斯在设计苹果公司的第一款个人电脑——Macintosh时，他想到了在书法课上学到的知识。他觉得，计算机不仅应该是功能强大的工具，还应该在视觉上给人以美的享受。于是，他决定将不同的字体样式引入计算机界面。这一创新理念看似只是对"字体"这个小问题的关注，但它却极大地提升了用户体验，给计算机带来了全新的视觉感受。

这个改变看似微小，却在计算机历史上掀起了一场革命。Macintosh成为首台支持多种字体样式的个人电脑，这不仅让苹果电脑与其他品牌区分开来，还影响了整个计算机行业的发展方向。

小问题中蕴藏着巨大的创新潜力，关键在于我们如何看待这些问题，以及如何运用创造力来解决它们。要在日常生活中培养创新思维，我们需要养成一些习惯，并不断实践以下方法。

1. 记录小问题与想法

创新的灵感常常出现在不经意间，记录下日常生活中遇到的小问题和灵感，可以帮助我们在未来找到创新的切入点。可以随身携带一个笔记本或使用手机记录下生活和工作中发现的小问题，并时常翻阅这些记录，看看是否能找到解决这些问题的新方法。

2. 积极进行头脑风暴

头脑风暴是一种有效的创新工具。我们通过自由思考和无拘无束地提出各种可能的解决方案，可以激发出更多创意。可定期与朋友或同事进行头脑风暴，不设限地讨论各种想法，甚至是看似不可能的解决方案，通过这种开放的讨论，会发现隐藏的创新机会。

3. 向不同领域的专家学习

创新往往来自跨领域的知识融合。通过向不同领域的专家学习，我们可以拓宽视野，获得新的思考方式。可以主动参加不同领域的讲座、课程或阅读跨学科的书籍，了解其他领域的最新进展，并思考如何将这些知识应用到自己的领域中。

4. 保持实践与迭代

创新不仅是思考，更重要的是实践和迭代。在解决小问题的过程中，不断试验和改进，是培养创新思维的重要方法。有新的想法时，不要害怕失败，立即着手去实践，并在过程中不断优化和调整。反复实践往往可以将一个小问题的解决方案发展为具有创新性的成果。

感悟

创新思维始于对小问题的敏锐观察。通过关注生活中的小问题，并运用创造力解决这些问题，可以激发出巨大的创新潜力。我们每个人都可以通过培养好奇心、注重细节、跨领域思考和实践，找到隐藏在小问题中的创新机会。

面对琐事的心态调整

琐事是生活的组成部分，它们就像一颗颗小石子，铺就了我们前行的道路。真正有智慧的人，往往能够从这些琐事中吸取教训，并提升自我、获得成长。古往今来，许多名人都懂得通过处理琐事来锻炼自己的心智。

美国著名企业家安德鲁·卡耐基就是一个典型的例子。卡耐基出身贫寒，年轻时从事过多种琐碎的工作：报童、纺织工、铁路职员等。正是这些看似平凡的工作，培养了他对细节的关注和对琐事的耐心处理能力。卡耐基曾说："对待琐事的态度，决定了你的人生高度。"在他眼中，没有什么事情是"小事"，每一件事都值得认真对待。他坚信，只有将琐事处理得井井有条，才能在面对大事时做到胸有成竹。

面对琐事时，心态至关重要。常见的错误心态有以下几种：

烦躁不安。很多人在处理琐事时，容易产生烦躁的情绪，觉得这些事情毫无意义，甚至会失去耐心。这种心态不仅会影响任务的完成质量，还会让自己陷入负面情绪中。

轻视忽略。把琐事看作是"小事"，因此不屑于认真对待，这种态度会导致很多潜在的问题被忽视，进而酿成大错。

逃避推诿。有些人会选择逃避琐事，把这些"无关紧要"的任务推给别人。然而，逃避并不能解决问题，只会让事情积压，最终造成更大的麻烦。

相反，保持一种积极、耐心的心态，才能在处理琐事的过程中找到乐趣和成就感。每一件琐事，都是磨炼心性的机会。小事做好了，大事自然就成了。

东汉时期，有个叫陈蕃的年轻人胸怀大志，不注重生活中的细节。他的房子里非常杂乱，几乎从不打扫。陈蕃的父亲看到这种情况后，问他为什么不收拾屋子。陈蕃回答说："大丈夫应该志在扫平天下，怎么会在乎打扫一间屋子的小事呢？"父亲对他说："连一间屋子都不打扫，又怎么能扫平天下呢？"

陈蕃父亲的反问让陈蕃明白，管理天下这样的大事，正是由无数小事积累而成的。如果连最基本的生活细节都处理不好，又如何有能力承担治理天下的大任呢？从此，陈蕃改正了自己的行为，开始注重从小事做起。

琐事虽然小，但它们是生活的一部分，是我们成长和提升自我的机会。处理琐事需要耐心，耐心是修炼心性的关键。关注手头的每一件小事，提升自己的专注力和执行力，才能在复杂的局面中游刃有余。

　　人生的高度，不仅取决于我们如何处理大事，更在于我们如何面对和处理琐事。每一件小事，都是通往成功的垫脚石。调整心态，认真对待每一件琐事，是我们迈向成功的必经之路。许多伟大的事业，都是从一些看似不起眼的小事开始的。比如，创业者在初期往往面临着许多琐碎的事务，包括市场调研、产品设计、客户服务等。如果能够在这些细节上做到位，企业就有了坚实的基础，未来的发展也会更加顺利。

第六章

琐事中的人际关系

从小事做起，建立信任

在人际关系中，信任是至关重要的基石。但信任不是一朝一夕便能建立的，需要通过日常的点滴积累。无论是在工作中，还是在个人生活中，那些看似微不足道的小事，都是建立和巩固信任的关键。

举个简单的例子，在工作中，如果你承诺了一件小事，比如在特定时间内回复邮件或完成一项任务，及时履行承诺不仅显示了你的责任感，也会让同事对你产生信任。同样，在家庭生活中，准时参加家人安排的聚会或帮助伴侣完成家务，这些小事都在潜移默化中建立着信任。

一个人行走于世间，"说到做到"是受人信任的起码准则。信守诺言、兑现诺言是建立信用的基本途径。一个人信用越好，在工作和生活上就愈能成功地打开局面，局面打得开越好，工作越容易开展。所以必须重视自己说过的每一句话，惜言如金，生活总是照顾那些说话算数的人，食言则是最不好的恶习。

诺言顺口说，事后完全忘，这种情形在当今不少年轻人中很常见。张三跟李四等人在聊天，聊到了余华的小说《活着》，李四没看过这部小说，听了之后很想看。张三随口答应："好办，下次我回家把这本书带来借你看。"张三随口的一句话，过后没放在心上，一直没有带。李四呢？如果也不放在心上还好说，但他要是放在心上，对于张三的信任就会打折扣。这样的事似乎很小，但小中往往见大，而且积少成多。

老张曾经去一在京的朋友家玩，吃便饭时觉得朋友家的腊肉很有特色，便随口称赞了腊肉的风味。朋友听了，说这还不是最好的，最好的他们已经吃完了，春节回老家后给老张带一些更好吃的过来尝尝。

老张笑着说"谢谢"。大半年后，朋友真的给老张送来了一块大的腊肉，而老张几乎忘记了朋友的承诺。通过这件小事，老张对那个朋友产生了极大的信任。

生活中，人们失信绝大部分是主观原因。有些人口头上对任何事都"没问题""一句话，包在我身上"，一副大包大揽的模样，可是嘴上承诺，脑中遗忘，或脑中虽未遗忘，但不尽力，办到了就大吹大擂，办不到就假装忘记（或许是真的忘记）。把承诺视作儿戏，是对他人与自己的不负责。

如何通过小事建立信任呢?

1. 保持一致性和可靠性

信任的建立依赖一致性。无论事情大小，当你承诺了什么后，就要努力兑现。保持一致性和可靠性，能让他人逐渐对你产生信任感。

2. 关注细节，展现关心

很多时候，人们更容易记住你对小事的关心，而非你在大事上的作为。比如，记得同事的生日并送上一句祝福，或者在朋友遇到困难时给予及时的帮助，这些细节能够让他人感受到你的真诚与关心，从而建立信任。

3. 诚实透明，坦诚相待

在琐事上表现出的诚实和透明，是赢得信任的重要因素。如果你遇到问题或无法完成某项任务，及时与相关人员沟通，并坦诚面对，而不是逃避或隐瞒，这样的行为更能赢得他人的尊重和信任。

感悟

信任是人际关系中最重要的元素之一，而建立信任往往始于小事。信任不是一蹴而就的，而是通过日常的细节一点一滴积累起来的。通过在小事中展现自己的可靠和诚意，不仅能够与他人建立起稳固的信任关系，还能在未来的合作中获得更多的支持与成功。

用大爱去做小事

人际关系中的情感，是通过无数的日常细节积累而成的。这些细节虽小，却能传递出深厚的感情。比如，一个朋友在你最需要时的一句鼓励、一位同事在你工作压力大时递上的一杯咖啡、一位家人在你疲惫时主动帮忙分担家务……这些看似微不足道的小事，正是彼此关心和体贴的体现。

戴安娜王妃被称为"人民的王妃"，她以关爱和同情心闻名于世。她不仅在重大公共场合展现了对弱势群体的关怀，更在日常生活中，通过无数的小事表现出她对他人的关注。

有一次，戴安娜王妃在探访一所儿童医院时，注意到一名小女孩因为害怕而哭泣。戴安娜并没有因为自己是王妃而保持距离，而是蹲下来与孩子交谈，握着她的手，直到她平静下来。这个小小的举动，充分展现了戴安娜对孩子们的关爱。

特蕾莎修女是世界闻名的慈善家，她的一生都在无私地关怀他人。她的关怀不仅限于大的慈善事业，也体现在对个体的细微关注上。她曾说："我们无法做伟大的事，但我们可以用伟大的爱去做小事。"

如何在小事中展现真情？

1. 关注细节，感知他人的需求

在与他人相处时，学会关注细节，留意他人的情感变化和需求。比如，当朋友表现出疲倦时，主动提出帮助；当同事面临挑战时，给予鼓励。从这些细节中，他人可以感受到我们的真诚关怀。

2. 用行动表达关爱

情感需要通过行动来表达。在日常生活中，一些微小的行动往往能够传递出深厚的情感。例如，在家人忙碌时为他们准备一顿晚餐，或是在朋友心情不好时送上一个温暖的拥抱。这些小小的行动能够让他人感受到你对他们的重视和爱。

3. 保持真诚和一贯性

在小事中展现真情，需要真诚和一贯性。真正的情感是持久而稳定的，而不是一时的热情。因此，在日常生活中，要始终保持对他人的关心和体贴，这样才能建立起深厚、持久的人际关系。

4. 不要忽视语言的力量

有时，一句温暖的语言比任何礼物都更能打动人心。日常的问候、赞美和鼓励，都是表达情感的有效方式。这些简短却温暖的话语，可以让他人感受到我们的真情实意。

　　在人际关系中，小事往往能够见真情。无论是朋友、家人还是同事，真挚的情感总是通过无数的细微举动传递出来的。关注细节、用行动表达关爱、保持真诚，在琐事中展现真情，助力我们与他人建立起更深厚、更牢固的人际关系。

先学礼再做事

礼是大家约定俗成的一套行为规范，体现的是对他人的尊重，同时也体现出自身的修养。

人是有感情的动物，当受到别人尊重时，自然会感到快乐；当受到别人轻视时，自然就会觉得气恼。

林肯以温和、谦逊和礼貌著称，即使在面对强烈反对或批评时，他依然保持冷静和尊重的态度。一个广为流传的故事讲述了林肯在任总统期间，如何通过礼貌和尊重化解了一次潜在的冲突。

当时，林肯的一位政治对手、军事指挥官埃德温·斯坦顿在公共场合公开侮辱林肯，称他为"粗野的猴子"。斯坦顿还对林肯的决策进行了严厉批评。尽管受到如此不敬的攻击，林肯并没有愤怒与反击。他一面坚持自己的立场，一面继续与斯坦顿合作。

当林肯决定任命斯坦顿为战争部长时，许多人感到震惊，因为斯坦顿曾如此公开地侮辱他，但林肯解释说："他是我能找到的最合适的人选。"林肯的礼貌与宽容最终赢得了斯坦顿的尊重和忠诚。斯坦顿后来成为林肯最坚定的支持者之一，并在林肯遇刺后，悲痛地说："这里躺着地球上最完美的人。"

礼节要从细处做起，从平常做起。要将彬彬有礼变成一种习惯，不能等到重要场合才想起来用一下，临阵磨枪的"礼"很难做到周全，也会影响社交的从容。那么该学些什么礼呢？彬彬有礼的态度又该是怎样的呢？

1. 培养同理心

站在他人的角度思考问题，理解他人的感受和需求。学会倾听，不打断他人讲话，用心去体会他人的情感，这样才能真正做到尊重和礼貌。

2. 尊重他人

无论对方的身份、地位如何，都应该给予同样的尊重。尊重他人的时间、空间和隐私，不轻易打扰或冒犯。

3. 言辞得体

在平常的场合，经常说"谢谢你""麻烦你""请你""对不起"之类的词，遇见熟人主动打招呼……这类小事，锻炼与检验着一个人是否彬彬有礼。避免使用粗鲁、攻击性或贬低他人的语言。沟通时尽量保持温和的语气，即使在表达不同意见时，也应注意言辞的得体。

4. 举止端庄

在公共场合保持良好的行为习惯，如不大声喧哗、不打扰他人。与人交往时，保持适当的距离，避免过分亲密或过分疏远。

5. 守时与信守承诺

准时赴约是对他人的基本尊重。若因特殊情况迟到或无法赴约，应及时告知对方并道歉。承诺了的事情一定要尽力去完成，如果无法完成，应提前告知并说明原因。

6. 控制情绪

无论遇到什么情况，尽量保持冷静，不让情绪主导行为。即使在冲突中，也要保持克制，不使用激烈的言辞或行为。

7. 注意细节

彬彬有礼往往体现在细节中，如开门时为他人让行、递物品时双手接送、用餐时不要发出过大声音等。这些细微之处都能反映出一个人的礼貌和修养。

8. 持续学习和反思

礼仪是不断学习和实践的过程。多观察身边礼貌得体的人，向他们学习。同时，反思自己的行为，找到需要改进的地方，不断提升自己的修养。

　　歌德曾经说："彬彬有礼是一个人最美丽的饰物。"的确，一个人的言谈举止能否合乎礼仪，显示出其修养的高低，是组成风度之花的一片花瓣。做到彬彬有礼，不仅会让他人感到舒适，也能提升自己的人际关系和个人形象，是迈向成熟和成功的重要一步。

不要拿着显微镜交朋友

镜子很平，但在高倍放大镜下，就成了凹凸不平的山峦；肉眼看上去很干净的苹果，拿到显微镜下，表面上都是细菌。试想，如果我们带着显微镜生活，恐怕连饭都不敢吃了。推而广之，如果我们拿显微镜去看朋友，恐怕朋友也会是罪不可赦、无可救药的人。

一个人如果拥有敏锐的洞察力，能准确地、全面地了解一个人，的确是一笔财富。假如能针对不同的人，采取不同的交涉方法，那么这笔财富算是用在点子上。但倘若因为洞察了他人的缺点，对他人横挑鼻子竖挑眼，那么这笔财富将是一个祸害。

《汉书·东方朔传》中有云："水至清则无鱼，人至察则无徒。"水太清，鱼就存不住身；对人要求太苛刻，就没有人能当他的朋友。《菜根谭》中说："地之秽者多生物，水之清则常无鱼，故君子当存含垢纳污之量，不可持好洁独行之操。"一片堆满腐草和粪便的土地，才能长出茂盛的植物，一条清澈见底的小河，常常不会有鱼生存。君子应该有容忍世俗的气度，以及宽恕他人的雅量，绝对不可自命清高，不与任何人来往而陷于孤独。

每个人都有缺点，甚至有一些见不得人的阴暗角落。因为大家都是凡人，都有人性的弱点。在与人交往时，切记不要钻牛角尖，要有大格局。

1. 不责小过

不要责难别人轻微的过错。人不可能无过,不是原则问题不妨大而化之。"攻人之恶毋太严,要思其堪受。"意思是批评朋友不可太严厉,一定要考虑到对方能否承受。在现实中,有的人责备朋友的过失唯恐不全,抓住别人的缺点便当把柄,处理起来不讲方法,只图泄一时之愤。几个朋友同室而居,其中一个常常不打扫卫生、不提水,另一个朋友就在别人面前说那人的坏话,牢骚满腹。久而久之,坏话传到那人的耳中,室内的气氛越变越坏,两人开始冷战,使得同寝室的人都不得安宁。这就是因小失大。

2. 不揭隐私

隐私是长在一个人的心上的,你一揭就会让别人心口出血。不要随便揭发他人的隐私,否则便是没有修养的行为。人都有自己不愿为人所知的东西,总爱探求他人的隐私,关心他人的秘密,不仅庸俗,而且让人讨厌,这种行为本身就是对他人的不尊重,也可能给他人惹来意外的灾祸。假如朋友告诉你他心之所思,你更该为其保密,他既然这么相信你,那么你一定要学会珍惜这份友情。对于朋友的秘密,三缄其口并非难事,就像朋友的东西寄放在你那儿,你不可以将它视为你的,想用就用。想一想,你自己也有隐私,"己所不欲,勿施于人"。

3. 不念旧恶

不要对朋友过去的错误耿耿于怀。人际的矛盾,总会因时因地而转移，事过境迁，总把心思放在过去的恩怨上，并不是明智之举。记仇的朋友是可怕的，他说不定会在什么时候，记起你对他犯下的错误，也说不定在什么时候，他会报复你一下，以求得心理上的平衡。所以，与朋友交往，学会忘记在一起的不快和口角之争，下次见面还是好朋友。还有，就是对于朋友生活、工作中的习惯，要给予尊重。每个人都有不同的特点，不可能与你相同，尊重朋友的习惯是最起码的要求。

感悟

　　人非圣贤，孰能无过？与人相处要经常以"难得糊涂"自勉，求大同存小异，有肚量，能容人，你就会有许多朋友。相反，若"明察秋毫"，眼里揉不进半粒沙子，过分挑剔，什么鸡毛蒜皮的小事都要论个是非曲直，容不得他人，人家也会躲你远远的，最后，你只能关起门来称孤道寡，成为让人避之唯恐不及的异己之徒。

委婉拒绝他人的艺术

做人，要遵循的原则之一是乐于助人。但并不是每个人都有时间、能力、精力，去乐于助人的。想做个有求必应的好好先生并不容易，许多人的要求永无止境，往往是合理的、悖理的并存，如果当面你不好意思说"不"，轻易承诺了自己无法履行的职责，将会带给自己更大的困扰和沟通上的困难。

喜剧大师卓别林曾说：学会说"不"吧！那你的生活将会美好得多。是的，说"不"的确能替自己省很多事。但这个"不"不是一个字那么简单。对别人的请求，简单的一个"不"字，很容易给自己贴上不近人情、冷酷的标签，并导致人际关系受损。

"不"的意思一定要表达出去，因为谁都不能一辈子做别人手里的牵线木偶。那么，如何巧妙一些，既表达了"不"的意思，又不至于让人际关系陷入冷漠？

1. 条件应承法

条件应承法，顾名思义，是带有条件的应承。你要我做什么可以，但是有一个前提。

庄子当年找监河侯借钱，一开口，好家伙，要300两金子！监河侯听了，这么多啊，不借。不借是不借，但人家拒绝得非常有水平。监河侯说："好，过段时间我要去收租，如果能够收齐，就借你300两金子。"这话听上去是应承了，但里面透露出信息，隐含了条件，留足了退路。透露了什么信息呢？——我现在不借，不借的原因是手里不宽裕，要收了租才有。隐含了什么条件呢？——如果能够将租收齐。留足了什么退路呢？——一是要过段时间，二是如果没有收齐租的话不借。庄子是多么聪明的人，一听这个回复也没有半点办法。

在运用条件应承法时，要注意条件的设置，要与别人的请托有密切关系，才说得过去。比如别人问你借钱，你说好吧，等太阳从西边出来吧。太阳从哪边出和借钱有什么关系，再说太阳也不可能从西边出来啊。你不是存心刻薄、调侃人家吗？那要怎么说呢？如果你炒股的话，可以说："你看现在股市不是不景气吗？等我的股票解套了吧。"

2. 推托法

人处在一个大的社会背景中，互相制约的因素很多，如有人托你办事儿，假如你是领导成员之一，你可以说："单位不是我一个人说了算的，像你的事儿，需要大家讨论，才能决定，不过，这件事恐怕很难通过，最好还是别抱什么希望，如果你实在坚持的话，待大家讨论后再说，我个人说了不算数。"听者听到这样的话，一般会说："那好吧，既然是这样，我也不难为你了，以后再说吧！"

3. 答非所问法

答非所问是给请托者以暗示，如："此事您能不能帮忙？"答："我明天必须去参加会议。"

答非所问，婉拒了对方，对方从你的话语中感受到，他的请托得不到你的帮助，只好寻求别的办法。

4. 含糊拒绝法

比如："今晚我请客，请务必光临。"答："今天恐怕不行，下次一定去。"下次是什么时候，并没有说定，实际上给对方的是一个含糊不定的概念。对方若是聪明人，一定会听出其中的意思，而不会强人所难了。

说了那么多拒绝别人的方法，并不是说应该拒绝一切求助。每个人的时间、金钱、资源都是有限的，对于有些请求，自己实在是没能力或没必要去硬充好汉。同时，需要提醒读者的是，不是所有的拒绝都要委婉，有些情况下你也可以直接拒绝。要根据具体情况来选择适当的方法。比如你的好友打电话要你陪她去逛超市，你完全可以直接告诉她："对不起，我没空，我要做什么什么事情。"这样的效果反而更好。

感 悟

乐于助人固然是一种美德，但并不是所有的请求都能接受或值得接受。学会拒绝，尤其是巧妙地拒绝，是一种必要的生活技能，它不仅能帮助我们避免麻烦，还能保护我们自身的时间、精力和心理健康。

第七章

在琐事中发现乐趣

感受生活的美好

在繁忙的生活中，许多人常常因为追求效率而忽视了生活中的美好。我们可能会因为一杯咖啡没泡好而烦躁不安，却忽略了在阳光下享受这杯咖啡的宁静与愉悦。学会放慢脚步，用心去感受那些平凡的瞬间，是发现生活美好的第一步。

美国著名作家亨利·大卫·梭罗在其经典作品《瓦尔登湖》中，记录了他在瓦尔登湖畔独居两年的生活体验。在这段时间里，梭罗远离城市的喧嚣，将注意力集中在大自然和日常琐事上。他从日常的简单劳作中，如砍柴、种植、观察动植物，发现了生活的美好与宁静。

梭罗通过自己的亲身经历告诉我们，美好并不在于豪华的享受或盛大的庆典，而是隐藏在我们日常生活的点滴中。正如他在书中所写："只要我们能够用心去体会，生活的每一个瞬间都充满了无限的美好。"

英国作家威廉·亨利·戴维斯写过一首诗，鼓励我们放缓脚步去感受日常生活中的乐趣与美好：

这不叫什么生活，

总是忙忙碌碌，

没有停一停，看一看的时间。

没有时间站在树荫下，

像小羊那样尽情瞻望。

没有时间看到，

在走过树林时，

松鼠把壳果往草丛里收藏。

没有时间看到，

在大好阳光下，

流水像夜空般群星点点闪闪。

没有时间注意到少女的流盼，

观赏她双足起舞蹁跹。

没有时间等待她眉间的柔情，

展开成唇边的微笑。

如何发现生活中的乐趣与美好？

1. 关注当下

发现生活中的美好，首先要学会关注当下。无论是清晨的第一缕阳光，还是午后的一杯热茶，这些看似平凡的瞬间，往往蕴藏着生活的美好。通过专注于当下，我们可以更好地感受到生活之美。

2. 培养感恩的心态

感恩是发现生活美好的重要途径。无论是对人、对事，还是对环境，保持一颗感恩的心，会让我们更容易发现身边的美好。比如，感谢每天陪伴我们的家人，感谢那位每天为你泡咖啡的同事，感恩生活中那些看似平凡却温暖的瞬间。

3. 寻找日常的乐趣

生活中的美好，往往隐藏在日常的乐趣中。无论是亲手烹饪一顿美食，还是整理房间时发现的一本旧书，甚至是一次与好友的闲聊，这些日常的小事都能够为我们带来意想不到的幸福感。用心去寻找并享受这些小乐趣，能够让我们更容易发现生活的美好。

4. 与自然接触，感受生命的美

大自然是美好的源泉。无论是在公园散步，还是在乡间郊游，与自然的接触总能让我们感受到生命的美好和力量。花草树木、鸟鸣虫唱，这些大自然的景象和声音，能够让我们暂时摆脱生活中的压力，发现更纯粹的美好。

------ ////// **感悟** ////// ------

生活中的美好往往隐藏在那些被我们忽视的日常琐事中，只

要我们愿意用心去发现和感受。通过关注当下、培养感恩的心态、寻找日常的乐趣以及与自然接触，我们可以在琐事中发现生活的美好，让自己的生活变得更加充实和幸福。

琐事中的家庭时光

　　琐事，虽然看似平淡无奇，却是家庭生活的核心部分。无论是一起做饭、打扫卫生，还是整理家务，这些看似简单的日常，都是家人之间互动的重要契机。在这些琐事中，家庭成员不仅能够分担责任，更能在协作中增进理解和感情。

　　例如，每周末的一起大扫除，可以变成一家人共同参与的活动。父母可以教孩子如何整理房间，孩子也可以在过程中学会责任感和团队合作。这种方式让琐事不再是一种负担，而是成为增进家庭感情的纽带。

　　美国前总统巴拉克·奥巴马虽然在任期间工作繁忙，但他始终重视家庭生活。在他的回忆录《应许之地》中，奥巴马提到，无论工作多忙，他都会尽量抽出时间与家人共度，而这些时间往往是在最平凡的日常琐事中度过的。

　　奥巴马一家有一个传统，那就是每晚一起吃晚餐。即使在忙碌的日子里，这个传统也尽可能地保持下来。在餐桌上，奥巴马和妻子米歇尔会与两个女儿分享各自的日常，聊聊学校的趣事或者彼此的烦恼。这些简单的交流，不仅让一家人更加亲密，也让琐事成了家庭生活中最温馨的部分。

　　通过这些日常的琐事和共处时间，奥巴马不仅维持了家庭的和睦，也为两个女儿树立了家庭观念的榜样。他曾说："最好的时光，往往是在最平凡的时刻中度过的。"这句话道出了家庭琐事中蕴含的无尽乐趣。

与家人一起面对琐事，有几个需要注意的事项。

1. 共同参与，分担责任

将家务琐事视为家庭成员之间的共同责任，而非某一个人的任务。每个人都参与其中，不仅能够减轻个人的负担，也能让所有人都感受到家庭的温暖和支持。在这种共同参与的过程中，家庭成员之间的感情会更加融洽。

2. 在琐事中融入乐趣

琐事并不一定要按部就班地完成，可以在其中融入一些乐趣。例如，在做家务时，可以播放一些轻松的音乐，或者进行一些小比赛，看谁能最快整理好房间。这种方式不仅提高了效率，还能让家务变得更加有趣和愉快。

3. 创造交流的机会

在一起完成琐事的过程中，家庭成员可以借机交流。比如，在做饭时，父母可以与孩子聊聊学校的生活，孩子也可以向父母分享自己的想法。通过这些交流，琐事变成了沟通和理解的桥梁。

4. 庆祝小成就

每当一家人一起完成了一项琐事后，不妨进行一些小小的庆祝。比如，整理完家后，一起享用一顿美味的晚餐，或者在完成大扫除后，一家人一起去公园散步。这些庆祝活动能让琐事完成后的成就感更加明显，也能让家庭氛围更加温馨。

感悟

忙碌的工作和生活节奏让许多人忽略了与家人共度的时光。而事实上，家人之间的关系不仅可以在节日或假期中加深，更可以通过一起完成日常的琐事来增进。那些看似平凡的时刻，往往是最珍贵的。通过与家人一起完成琐事，我们能够发现并享受这些平凡时刻中的乐趣和美好。

把琐事游戏化

游戏的魅力在于它能够激发我们的兴趣和动力。如果我们能把琐事视为一种游戏，把自己设定为游戏中的"玩家"，那么再枯燥的任务也能变得生动有趣。例如，将整理房间视为一次"寻宝"游戏，把烹饪当作"烹饪大赛"，甚至可以设定一些小目标和奖励机制，来激励自己完成任务。

这种游戏化的方式，不仅让我们更容易投入琐事中，还能在过程中不断发现新的乐趣和可能性。正如玩游戏时我们会不断升级和挑战自我，在琐事中也是如此。通过这样的心态转变，我们可以把日常生活变得更加轻松和愉快。

在电影《欢乐满人间》中，玛丽使用她的"魔法"，把原本无聊的家务活变成了充满乐趣的游戏。她带领孩子们通过唱歌、跳舞、想象力和魔法，将整理房间、打扫卫生这些琐事变成了一场有趣的冒险。

我们可以借鉴玛丽的思维方式，将琐事视为一种游戏，通过加入音乐、挑战和奖励等元素，让这些任务变得不再那么乏味，反而充满了乐趣。这种心态的转变能够激发我们对琐事的积极性，让我们在完成任务的同时感受到快乐。

即便是最普通的琐事，也可以通过幽默和创意变得有趣和有吸引力。将琐事游戏化，我们可以用新的视角去看待和处理生活中的各种任务，在其中找到快乐。

将琐事游戏化并不难，只需要做到如下几点。

1. 设定目标和奖励

在进行琐事之前，可以先为自己设定一些小目标，并为每个目标设定相应的奖励。例如，在规定时间内完成整理工作，可以奖励自己一杯喜欢的饮料或者休息片刻。这种方式不仅能激励自己完成任务，还能在过程中增加乐趣。

2. 创造竞争和挑战

与家人或朋友一起完成琐事时，可以增加一些竞争或挑战元素。比如，比一比谁能最快完成洗碗任务，或者在整理房间时，看谁能找到最多"遗失的宝物"。这种竞赛形式能够激发大家的参与热情，并让原本枯燥的任务变得更有趣。

3. 利用音乐和节奏

音乐可以为琐事增加节奏感和乐趣。无论是打扫卫生、整理家务，还是做饭，选择一些欢快的音乐作为背景，让自己随着节奏动起来。这种方式不仅能提升效率，还能让整个过程充满愉悦。

4. 赋予任务新的意义

通过想象力，为琐事赋予新的意义，例如，将烹饪视为一次"厨艺大赛"，把整理书架当作"书籍探险"。通过这种方式，我们能够发现琐事中的新奇之处，并享受其中的乐趣。

感悟

谁说琐事一定枯燥无味呢？通过改变心态和方法，我们可以将这些日常任务变成一种游戏，让原本单调的琐事变得充满乐趣和挑战。将琐事游戏化，不仅能提升我们的积极性，还能让我们在完成任务的过程中体验到成就感和快乐。

简化你的生活

从各种琐事中抽身而出，过一种简单的生活，并不是消极、懒惰，也不是修道式的苦行僧生活，而是为了活得轻松畅快、自由自主，活得更健康、更有意义。

1. 简化生活意味着减少物质上的负担和心理上的压力

当今社会，消费主义盛行，人们常常追求更多、更好、更快的东西，但这种无休止的追求往往带来的是心灵的空虚和不满足。相反，选择简化生活，减少不必要的物质拥有，就会发现自己对生活的需求变得更加明确，对现有的满足感也会增强。例如，清理掉家中不再使用的物品，不仅能使居住环境更加整洁，还能带来轻松和释放的感觉。

2. 简化生活让我们有更多的时间和空间去享受生活本身

在忙碌的工作和社交活动之外，留出时间来进行散步、瑜伽、冥想或是阅读，这些简单而平常的活动能极大地提升我们的生活质量。它们不仅有助于放松身心，还能让我们在快节奏的生活中找到一片宁静。例如，每天早晨起床后，花10分钟做一些简单的拉伸运动，可以帮助我们以更加清醒和平和的心态开始新的一天。

3. 简化生活促使我们更加关注人际关系的培养

在与家人、朋友或邻居的相处中，我们可以通过简单的聚会、共进晚餐或是一起进行户外活动来加深彼此的关系。这些活动不需要昂贵的花费，却能带来长久的快乐和满足感。例如，周末时分邀请几位好友到家中，大家一起烹饪家常菜，边做边聊，享受一段温馨愉快的时光。

4. 简化生活还能帮助我们更好地连接自然

无论是园艺、远足还是在公园里散步，都能显著提高我们的幸福感。自然的美景和宁静能够让人的心灵得到净化和平静。例如，每周安排一次到附近的山林中去徒步，可以让我们远离城市的喧嚣，感受自然的宁静和美丽，从而获得内心的平和与快乐。

5. 简化生活让我们有机会反思自己的生活方式和价值观

减少了外界干扰和物质诱惑后，可以更清楚地认识到什么是对我们真正重要的。这种自我反省不仅有助于我们做出更有意义的决策，还能使我们的生活更加符合自己的内在需求和期望。

------ ////// **感悟** ////// ------

简化不是少，而是精：精于心，简于形。简化的生活是最容易过的，生活中没有非接不可的电话，生命中没有非要不可的东

西。减少物质上的负担和心理上的压力，反思自己的生活方式和价值观，简化生活，享受生活。

第八章

通过琐事反思自我

用心做好琐事的人太少

用心是一种态度，更是一种境界。作为一种态度，它能使我们做好本职工作；作为一种思想境界，它能使我们用长远的思考来规划未来。

所谓用心做事，不仅是努力地去做事，而是用自己的真心、诚心、良心去做事。如果我们只是努力地去做事，而不用"心"，那么可能达不到预想的结果。任何事情用心做和不用心做，结果是完全不一样的。

用心就要勤于思考。"知止而后有定，定而后能静，静而后能安，安而后能虑，虑而后能得。"静下心来，以平静的心情和开放的心灵，用心思考，才会有所收获。假如每天都漫不经心，那么每天也只是简单地重复过去，而自己不会有任何发展。

用心就要改善细节，人人都有改善的能力，事事都有改善的余地。在自己的职位上，改善工作是自己的责任所在。

在环环相扣的工作过程中，一处似乎可有可无的细节，一件看起来微不足道的小事，或者一个毫不起眼的变化，往往可以决定工作的进展，甚至改变职业前途。

当救援船到达出事地点时，"环大西洋"号海轮消失了，21名船员不见了，海面上只有一个救生电台有节奏地发着求救的摩斯密码。救援人员看着平静的大海发呆，谁也想不明白在这个海况极好的地方到底发生了什么，导致这艘最先进的海轮沉没。这时有人发现电台下面绑着一个密封的瓶子，打开瓶子，里面有一张纸条，21种笔迹，上面这样写着：

一水理查德：3月21日，我在奥克兰港私自买了一个台灯，想给妻子写信时照明用。

二副瑟曼：我看见理查德拿着台灯回船，说了句"这个台灯底座轻，海轮晃时别让它倒下来"，但没有干涉。

三副帕蒂：3月21日下午，船离港，我发现救生筏施放器有问题，就将救生筏绑在架子上。

二水戴维斯：离港检查时，我发现水手区的闭门器损坏，用铁丝将门绑牢。

二管轮安特耳：我检查消防设施时，发现水手区的消火栓锈蚀，心想还有几天就到码头了，到时候再换。

船长麦凯姆：起航时，工作繁忙，没有看甲板部和轮机部的安全检查报告。

机匠丹尼尔：3月23日上午，理查德和苏勒的房间消防探头连续报警。我和瓦尔特进去后，未发现火苗，判定探头误报警，拆掉交给惠特曼，要求换新的。

机匠瓦尔特：我就是瓦尔特。

大管轮惠特曼：我说正忙着，等一会儿拿给你们。

服务生斯科尼：3月23日13点，我到理查德房间找他，他不在，坐了一会儿，随手开了他的台灯。

大副克姆普：3月23日13点半，带苏勒和罗伯特进行安全巡视，没有进罗伯特和苏勒的房间，说了句"你们的房间自己进去看看"。

一水苏勒：我也没有进房间，跟在克姆普后面。

一水罗伯特：我也没有进房间，跟在苏勒后面。

机电长科恩：3月23日14点，我发现跳闸了，因为这是以前也出现过的现象，没多想，就将闸合上，没有查明原因。

三管轮马辛：感到空气不好后，我先打电话到厨房，证明没有问题后，又让机舱打开通风阀。

大厨史若：我接马辛电话时，开玩笑说："我们在这里能有什么问题？你还不来帮我们做饭？"然后问乌苏拉："我们这里都安全吧？"

二厨乌苏拉：我回答："我也感觉空气不好，但觉得我们这里很安全。"然后继续做饭。

机匠努波：我接到马辛的电话后，打开通风阀。

管事戴思蒙：14点半，我召集所有不在岗位的人到厨房帮忙做饭，晚上会餐。

医生莫里斯：我没有巡诊。

电工荷尔因：晚上我值班时跑进了餐厅。

最后是船长麦凯姆写的话：19点半发现火灾时，理查德和苏勒房间已经烧穿，一切糟糕透了，我们没有办法控制火情，而且火越来越大，直到整艘船上都是火。我们每个人都犯了一点错误，但酿成了船毁人亡的大错。

一个大的悲剧，只因21个人在本职工作中对21个小"细节"的疏忽，没有真正地用心去做。单纯地看，21个人每人只错了一点点，但造成了"万劫不复"的严重后果。

对工作中的任何小事及细节，绝不能采取敷衍应付或轻视懈怠的态度，而是要用心去做，这样才能从根本上防止和避免危害和损失的产生。用心做事无大错。

人们总有这样的思想：只想做大事，而不愿意或者不屑于做小事，更不愿用心去做事。因而，想做大事的人太多，而愿意把小事用心做好的人太少。实际上，小事中也蕴含了不少大事。

有个牙刷厂的员工，早上为了赶去上班，刷牙时急急忙忙，导致牙龈出血。他为此非常恼火，上班的路上仍非常气愤。

之后，他想了很多解决刷牙造成牙龈出血的办法，比如，刷牙前先用热水把牙刷泡软，多用些牙膏，把牙刷毛改为柔软的狸毛，放慢刷牙速度等，但效果都不太理想。后来，他进一步仔细检查牙刷毛，在放大镜底下，发现刷毛顶端并不是圆形的，而是四方形的。"把它改成圆形的也许就行了！"他着手改进牙刷。

经过实验取得成效后，他向公司提出了改变牙刷毛形状的建议。公司领导看后，也觉得这是一个非常好的建议，欣然把全部牙刷毛的顶端改成了圆形。改进后的牙刷在广告宣传的作用下，销路极好，销量直线上升，该员工也因此得到了晋升。

牙刷不好用，在我们看来是司空见惯的小事，很少有人想办法去解决这个问题，机遇也就从身边溜走了。我们不妨反省一下自己：是不是对每一件事都用心在做？

感悟

万丈高楼平地起，工作上更需要我们从细处着眼，从小事做起。能否把小事做好，能不能从细节中发现问题，这是我们对待工作的态度。只有把握好了每个细小环节，才能将工作做到完美，也只有注重把握细小环节，养成科学严谨的工作态度，才能取得辉煌的工作成果。

从琐事中反省自己

人人都有个性上的缺陷、智慧上的不足，有时候会不小心说错话、做错事、得罪人。反省的目的在于建立一种监督自我的内在反馈机制。通过这种机制，我们可以及时知晓自己的不足，及时匡正不当的人生态度。良好的反省机制是心灵中的一种自动清洁系统或自动纠偏系统。反省能使我们的想象力更敏锐，能使我们真正认识自我。

生活中的琐事往往是我们性格和行为的真实反映。无论是处理家务、安排工作，还是面对小小的冲突，我们的应对方式都能透露出内心深处的情感和思维习惯。通过这些细节，我们可以看清自己在不同情境下的反应，进而了解自己的价值观和生活态度。

例如，一个人在面对烦琐的日常任务时，是否能保持耐心和积极的心态，往往可以揭示出他的情绪管理能力和生活方式。一个人在处理琐事时的拖延习惯，可能反映出他在其他领域的行为模式；而一个人是否愿意在琐事中为他人着想，则可以看出他对待人际关系的态度。

曾国藩（1811—1872）是中国近代一个响当当的人物，是"清代三杰"之一，洋务运动的发起者之一，创办了湘军。他历任内阁学士、礼部侍郎、兵部侍郎，后任两江总督等职。曾国藩一生历尽坎坷，几度生死。他用笔记录自己的人生智慧和经验，留下了《曾国藩家书》。学者南怀瑾说，"曾国藩一生共有十三套学问，但流传下来的只有一套，即《曾国藩家书》。"

从青年时代起，曾国藩就按照京师唐鉴、倭仁帮他制定的"日课十二条"，每日自修、自省、自律，即使后来成为高官显贵，也从不停止这些艰苦的功课。他曾经在日记中写道："一切事都必须检查，一天不检查，日后补救就困难了，何况是修德做大事业这样的事！"他坚持写日记，直到临死之前一日才停止。曾国藩正是在逐日检点、事事检点的自律自省中，一步一步地走向事业的成功，走向人生的辉煌。

《格言联璧》中有云：静坐常思己过。这句话的意思是沉静下来经常反省自己的过失，进而以是克非、为善去恶。不肯三省吾身之人行为乖张，处处伤人，最终伤己。项羽气走亚父，不知自省吾身；赶走韩信，仍不知自省吾身。最终被困垓下，拔剑自刎于乌江河畔。"大风起兮云飞扬"的豪情壮志，终于取代了"虞兮虞兮奈若何"的沉重叹息。霸王之败，后人哀之，倘若后人尚不知自省吾身，必使后人复哀后人矣。

孟子所说的"吾日三省吾身"，凡人或许不易做得到，但时时提醒自己，检视一下自己的言行却不是太难的事。一个人有了不当的意念，或做了见不得人的事，可能瞒过任何人，但绝对骗不了自己。日常的反省方式灵活多样、不拘一格，我们可以写日记，也可以静坐冥想。而反省的内容，基本上有以下几点：

近来哪些事情做错了？

近来哪些事情还可以做得更好？

近来学会了什么？

近来有什么值得感谢的？

经常检视、反省以上这些问题，就能比昨天进步。而一个又一个进步，是人生走向卓越的基础。

------ ////// 感悟 ////// ------

琐事虽然微小且日常，却能像镜子一样，反映出我们的性格、态度和行为模式。通过观察和反思在琐事中的表现，我们可以更清晰地认识自己，了解自己的优点和不足，从而更好地提升自我。

从小事着手，逐步改善习惯

习惯塑造了我们的生活方式，也决定了我们的人生成就。许多时候，我们想要改变一些不良习惯，往往因为目标过于宏大而感到无从下手。事实上，改善习惯的最佳方法，是从日常生活中的小事开始。通过一点一滴的改变，我们可以逐步形成更好的习惯，并最终实现自我提升。

习惯的力量是巨大的，而这种力量往往来自我们每天重复的琐事。无论是每天按时起床、整理床铺，还是饭后散步、保持日常的清洁，这些看似微不足道的行为，其实都在潜移默化地影响着我们的生活质量。通过从这些小事入手，我们可以慢慢培养出更健康、更高效的生活习惯。

一个典型的例子是养成每天整理床铺的习惯。许多人可能会觉得这只是一件无关紧要的小事，但事实上，它不仅能够让自己从一天的开始就感受到秩序和清洁，还能激励自己保持良好的生活习惯。每天都坚持整理床铺，这种自律的习惯会逐渐延伸到生活的其他方面，助力我们更好地管理时间和任务。

查尔斯·都希格是美国著名记者和作家，他在《习惯的力量》（*The Power of Habit*）一书中，提出了"习惯循环"的概念。他指出，习惯由"提示""惯例""奖励"三个部分组成，而要改变习惯，最有效的方法就是从小事入手，通过调整其中的某一个环节来打破旧的循环，建立新的习惯。

都希格在书中分享了一个自己的例子：他曾有在下午喝一杯含糖饮料的习惯，但这对健康不利。于是，他决定从这个小习惯入手进行改善。他分析了习惯的循环，发现自己真正想要的并不是饮料本身，而是短暂的休息时间。于是，他将喝饮料的惯例替换成散步，逐渐打破了这个不健康的习惯，并形成了更积极的生活方式。

都希格的例子告诉我们，改变习惯并不需要从大事做起，反而应从小事入手，逐步调整和优化。通过这种方式，我们可以在不知不觉中形成更健康、更高效的习惯。

1. 设定明确的目标

在改善习惯时，首先要设定一个明确的小目标。例如，想要养成早起的习惯，可以先从每天早起10分钟开始，逐步调整到理想的起床时间。这样的小目标容易实现，也能给自己带来成就感，从而更有动力继续下去。

2. 识别触发点，调整惯例

正如查尔斯·都希格所建议的，习惯的形成源于特定的触发点和随之而来的惯例。通过识别这些触发点，我们可以有针对性地调整惯例，从而改变不良习惯。例如，如果发现自己常常在压力下吃零食，可以尝试用喝水或深呼吸来代替，逐渐形成新的应对方式。

3. 保持耐心，循序渐进

改变习惯是一个循序渐进的过程，不能急于求成。小事的改善可能不会立刻带来显著的变化，但只要坚持下去，日积月累最终会带来巨大的改变。每一点小小的进步，都是朝着更好习惯迈出的坚实一步。

4. 记录进展，给予自己奖励

通过记录自己的进展，可以更清晰地看到自己在改善习惯方面的努力和成果。每当完成一个小目标时，别忘了给予自己一些小奖励，这不仅能增强动力，还能让自己在改善习惯的过程中感受到更多的乐趣。

感悟

从小事入手，可以逐步改善生活中的不良习惯，形成更健康、更高效的行为模式。设定明确的目标、识别触发点、保持耐心和记录进展，在生活的点滴中不断优化自我，最终便可以实现个人的全面提升。

从琐事中找到人生方向

日常琐事，虽然琐碎，却是我们生活中最真实的部分。无论是处理家庭事务、工作任务中的琐事，还是与人相处的点滴，这些琐事构成了生活的主体。观察和反思我们如何处理这些琐事，可以帮助我们了解自己的长处和短处、兴趣和厌恶，进而更清楚地认识自己。

比如，有些人在处理家务时，发现自己特别喜欢整理和规划，于是逐渐意识到自己在组织和管理方面的潜力。又如，有些人在与人沟通时，发现自己善于倾听和理解他人，进而认识到自己适合从事需要同理心的职业。这些都是通过琐事逐步发现自我的过程。

苹果公司创始人史蒂夫·乔布斯（Steve Jobs）以其卓越的创新能力和对细节的关注闻名于世。乔布斯在创业初期，正是通过对生活中细微琐事的深入观察和思考，逐渐找到了自己的人生方向。早年间，乔布斯在与苹果团队共同研发产品时，注意到了用户在使用电子设备时遇到的各种小问题。他不仅仅关注设备的功能性，还特别在意用户的使用体验，包括设备的外观、触感和操作的流畅性。

正是这种对细节的极致追求，使得乔布斯找到了自己在创新领域的方向。他意识到，科技产品不仅仅是功能的载体，更是生活美学的一部分。乔布斯的成功，源于他通过琐事发现了用户需求，并以此为基础开创了全新的产品理念。

乔布斯的例子告诉我们，琐事中隐藏着对自我和世界的深刻洞见，关键在于我们是否有足够的敏锐度和耐心去发现它们。

如何从琐事中找到人生方向？

1. 细心观察，了解自己的兴趣

通过日常琐事，我们可以发现自己真正感兴趣的是什么。比如，我们是否在整理房间时感到特别有成就感？或者在帮助别人解决问题时感到快乐？这些小事能够揭示出自己内心深处感兴趣的是什么，助力自己更好地确定人生的方向。

2. 反思琐事中的情感反应

每个人在处理琐事时都会有不同的情感反应。通过反思这些反应，我们可以了解自己在不同情境下的真实感受。例如，如果我们在某些任务中感到压力重重，可能说明这些任务不适合自己；而如果在某些琐事中感到轻松愉快，则可能意味着自己在这方面有潜力。

3. 寻找一贯性的行为模式

在日常生活中，我们经常会重复某些行为模式。这些行为模式不仅反映了我们的习惯，也透露出我们的偏好。通过分析这些模式，我们可以更好地理解自己，并找到适合自己的发展方向。

4. 将琐事与长远目标联系起来

将日常琐事与长远目标相结合，可以帮助我们更清晰地看清人生的方向。比如，如果我们希望在未来成为一名作家，那么每天的阅读和写作就是通往这个目标的琐事。坚持这些日常行为，不仅能逐步提升自己的技能，还能不断明确自己的职业方向。

感悟

在我们的一生中，找到人生的方向是最重要的课题之一。然而，许多人在寻找人生方向时，常常忽略了身边的琐事。其实，正是在这些看似微不足道的日常琐事中，隐藏着通往人生方向的线索。通过对日常琐事的细心观察和深入思考，我们可以逐渐发现自己真正的兴趣、能力和价值观，从而找到人生的方向。

每天都要进步一点点

20世纪50年代，日本生产的各种商品急需摆脱劣质的国际恶名，多次请美国的企业管理大师"开药方"。美国著名的质量管理大师戴明博士就多次到日本松下、索尼、本田等企业考察传经，他开出的方子非常简单——"每天进步一点点"。日本的这些企业按照这个要求去做，果然不久就取得了质量的长足进步，使当时的"东洋货"很快独步天下。现在日本先进企业评比，最高荣誉奖仍是"戴明博士奖"。

如果你期冀成才，渴望成功，用心体味戴明博士的方法肯定会受益终生。

每天进步一点点，听起来好像没有冲天的气魄，没有诱人的硕果，没有轰动的声势，可细细地琢磨一下：每天，进步，一点点，那简直又是在默默地创造一个意想不到的奇迹，在不动声色中酝酿一个真实感人的神话。新东方创始人俞敏洪曾经讲过一个故事：

在俞敏洪小时候，做木工的父亲经常要外出建房子。他父亲每次帮别人建完房子，都会顺便把别人废弃不要的碎砖乱瓦捡回来，或一块两块，或三块五块。甚至在路上走时发现的砖头或规则的石块，他父亲也会捡起来带回家。

一开始，俞敏洪不知道父亲这样做的目的。久而久之，直到自家院子里的砖头、石块逐渐多了，俞敏洪似乎察觉到了父亲的用意。果然，在一个清晨，他父亲在院子一角的小空地上开始左右测量，开沟挖槽，和泥砌墙，用那堆乱砖左拼右凑，一间四四方方的小房子居然拔地而起，干净漂亮地和院子形成了一个和谐的整体。父亲把本来养在露天到处乱跑的猪和羊赶进小房子，再把院子打扫干净，他家就有了全村人都羡慕的院子和猪舍。

从什么都没有到一块砖头，再从一块砖头到一堆砖头，最后变成一间小房子。长大后的俞敏洪从父亲的"魔术"中领悟出了一个人生哲理：成功从捡砖头开始！只有造房子的梦想，没有砖头不要紧，日复一日捡砖头碎瓦，终于有一天有了足够的砖头来造心中的房子。

聚沙成塔，集腋成裘。大厦是由一砖一瓦堆砌而成的，比赛是由一分一厘赢得的。每一个重大的成就，都是由一系列小成绩累积而成。如果我们留心那些貌似一鸣惊人者的人生，就会发现他们的"惊人"之处并非一时的神来之笔，而是缘于事先长时间的、一点一滴的努力与进步。成功是能量聚积到临界程度后自然爆发的结果，绝非一朝一夕之功。一个人眼界的拓展、学识的提高、能力的长进、良好习惯的形成、工作成绩的取得，都是一个持续努力、逐步积累的过程，是每天进步一点点的总和。

每天进步一点点，贵在每天，难在坚持。逆水行舟用力撑，一篙松劲退千寻。要每天进步一点点，就要耐得住寂寞，不因收获不大而心浮气躁，不为目标尚远而情绪动摇，而应具有持之以恒的韧劲；顶得住压力，不因面临障碍而畏惧退缩，不为遇到挫折而垂头丧气，而应具有攻坚克难的勇气；扛得住干扰，不因灯红酒绿而分心走神，不为冷嘲热讽而犹豫停顿，而应有专心致志的定力。

不积跬步，无以至千里。让自己每天进步1%，就不必担心自己不快速成长。

感悟

不用一次大幅度地进步，一点点就够了。不要小看这一点点，每天小小的改变，积累下来就会有大大的不同。而很多人在一生当中，连这一点进步都不一定做得到。人生的差别就在这一点点之间，如果每天比别人差一点点，几年下来，就会差一大截。

第九章

小事糊涂有真味

人为什么会活得累

经常会听身边的人说："活得真累！"于是乎什么"烦着呢！别理我""养家糊口真累"，都被赫然印在T恤上，出现在了人们的前胸后背，招摇过市。这是一种压抑、烦躁、郁闷的心理情绪的表露和发泄，表明某些人的确活得累、活得慌。

探究"累"的原因，主要还是事事较真，缺乏"小事糊涂"意识。别人说句话，你要考虑半天，总想从中琢磨出个"言外之意"。能不累吗？

人非圣贤，孰能无过。与人相处就要互相谅解，经常以"难得糊涂"自勉，求大同存小异，有度量，能容人。古今中外，凡是能成大事的人都具有一种优秀的品质，那就是能容人所不能容，忍人所不能忍，善于求大同存小异，团结大多数人。他们极有胸怀，豁达而不拘小节，大处着眼而不会目光如豆，从不斤斤计较，不纠缠于非原则的琐事。

不过，要真正做到不较真儿，也不是一件简单的事，需要有良好的修养，有善解人意的思维方法，从对方的角度考虑和处理问题，多一些体谅和理解。比如，有些人一旦做了官，便容不得下属出半点错，动辄横眉立目，下属畏之如虎，时间久了，必积怨成仇。想一想天下的事并不是你一人所能包揽的，何必因一点点小错便与人怄气呢？若调换一下位置，设身处地为对方着想，也许一切都会迎刃而解。

人与人的交往免不了会产生矛盾。有了矛盾，平心静气地坐下来交换意见，予以解决，固然是上策，但有时事情并非那么简单，因此倒不如"糊涂"一点。

"糊涂"可给人们带来许多好处。

1. 减少不必要的烦恼

在我们身边，无论同事、邻居，还是萍水相逢的人，都不免会产生摩擦，如若斤斤计较、患得患失，往往越想越气，这样于事无补，于身体也无益。如做到遇事"糊涂"些，自然烦恼就少得多。我们活在世上只有短短的几十年，却为那些很快就会被人们遗忘了的小事烦恼，实在是不值得的。

2. 便于集中精力干事业

一个人的精力是有限的，如果一味在个人待遇、名利、地位上兜圈子，或把精力白白地花在钩心斗角、玩弄权术上，就不利于工作、学习和事业的发展。世上有所建树者，都有糊涂功。清代"扬州八怪"之一郑板桥自命糊涂，并以"难得糊涂"自勉，其诗画造诣在他的"糊涂"当中达到了极高的水平。

3. 有利于消除隔阂

《庄子》中有句话说得好："人生天地之间，若白驹之过隙，忽然而已。"人生苦短，又何必为区区小事而耿耿于怀呢？即使是

"大事"，别人有愧于你之处，"糊涂"些，反而可能感动人，从而改变人。

感悟

　　许多人并非真的糊里糊涂地过日子，而是不想为过于精明所累。真正的聪明人不会患得患失，也不会囿于世俗中的鸡毛蒜皮之事而无法自拔，他们心胸开阔、为人豁达，日子过得有意思、有价值。

小事糊涂是真正的明白

糊涂者，并非整天浑浑噩噩、无所作为的庸。糊涂是一种不斤斤计较、不吹毛求疵的大度；糊涂是一种超脱物外、不累尘世的高洁；糊涂是一种行云流水、无欲无求的潇洒。不过，大事当头，切莫糊涂！抓住机遇的飞跃，才会使糊涂有所价值。这也就是所谓的"糊涂一世，聪明一时"。其实他们哪里是真的糊涂，只是因为看清了、看透了、明白了，清醒到了极致，在俗人的眼里成了糊涂而已。

糊涂之难得，在于明白太难。糊涂是明白的升华，是心中有数却不动声色的涵养，是整体把握、抓大放小的运筹，是甘居下风、谦让豁达的胸怀，是百忍成金、化险为夷的韬略。

1. 有些瑕疵不需要看清

"甘瓜苦蒂，物不全美""金无足赤，人无完人"。俄国哲学家、作家车尔尼雪夫斯基有一句名言："既然太阳上也有黑点，人世间的事情就更不可能没有缺陷。"即使是太阳中也有阴暗的角落，人身边的世界不可能总是那么干净亮堂？梦中的情人也许会很完美，现实中的爱人却多少有些缺陷或者缺点；广告中的商品也许会很完美，真正用起来却往往不尽如人意。四大美女够完美了吧，但据有关史料记载：有"沉鱼"之美的西施耳朵比较小，有"落雁"之姿的王昭君的脚背肥厚了些，有"闭月"之颜的貂蝉有点体味，有"羞花"之容的杨玉环略胖了些……你要是看得太清楚了，岂不是一件大煞风景的事？

雾里看花最美丽。事事要看得清清楚楚是一件痛苦的事，它就像是毒害我们心灵的毒药。因为这个世界本来是以缺陷的形式呈现给我们的，我们如果事事清楚明白，那无异于自讨苦吃。

2. 有些往事不需要记得

健忘是一种糊涂，但健忘的人生未尝不幸福。因为人生并不像期望的那么充满诗情画意，那么快乐自在。人生中有许多苦痛和悲哀、令人厌恶和心碎的东西，如果把这些东西都储存在记忆之中的话，人生必定越来越沉重，越来越悲观。当一个人回忆往事的时候就会发现，在其一生中，美好快乐的体验往往只是瞬间，占据很小的一部分，而大部分时间则伴随着失望、忧郁和不满足。

既然如此，健忘一点、糊涂一些有什么不好呢？它能够使我们忘掉幽怨，忘掉伤心事，减轻我们的心理重负，净化我们的思想意识，可以把我们从记忆的苦海中解脱出来，清清爽爽地做人和享受生活。

过去了的，就让它过去吧。记忆就像一本独特的书，内容越翻越多，而且描叙越来越清晰，越读就会越沉迷。有很多人为记忆而活着，他们执着于过去，不肯放下。还有一些人却生性健忘，过去的失去与悲伤对他们来说都是过眼烟云，他们不计较过去，不眷恋历史，不归还旧账，活在当下，展望未来。

3. 有些噪声不需要"听见"

这个世界似乎很嘈杂，我们的耳膜里总是充斥着各种各样的声音。有些声音让你开心，有些声音让你尴尬，有些声音会让你恼火……

北宋年间，吕端在升任参知政事的那天，有个大臣指手画脚地说："这小子也能做参政？"吕端佯装没有听见而低头走过。有些大臣替吕端打抱不平，要追查那个轻慢的大臣姓名，吕端赶忙阻止说："如果知道了他的姓名，怕是终生都很难忘记，不如不知为上。"吕端对付"记得"的招数，干脆是"不听"。没有听见，就无所谓记得不记得了。

4. 有些事情不需要"说透"

无关紧要的事情，说那么清楚透彻干吗？不但自己累，还容易招来别人的不满。

夫妻间吵架，要你去评理。你还真的把自己当公正的法官，问清事情的来龙去脉，"知无不言，言无不尽"地把谁是谁非分析得头头是道。结果，被你分析得没有道理的人不服，争吵继续。吵架过后，先是一方怨恨你，等到他们夫妻和好，怨恨你的说不定变成了两个。这样的例子屡见不鲜，真是何苦呢！人家的家务事，你判得清？

当然，我们并非鼓励大家遇到任何事情都不表态，而是要告诉大家不要被一些世俗琐事所牵绊，一味地求真。遇到大的原则问题，"知无不言，言无不尽"是不二选择。只是，人的一生，真正遇上的原则问题又有多少呢？

感悟

因为明白，所以"糊涂"。而人在"糊涂"之后，和身边的环境就和谐了。糊涂如一挑纸灯笼，明白是其中燃烧的灯火。灯亮着，灯笼也亮着，便好照路；灯熄了，它也就如同深夜一般漆黑。灯笼之所以需要用纸罩在四周，只是因为灯火虽然明亮但过于孱弱，还容易灼伤他人与自己，因此需要适当地用纸隔离，这样既保护了灯火也保护了自己和别人。明白也需要糊涂来隔离。给明白穿上糊涂的外套，既需要处世的智慧，又需要处世的勇气。很多人一事无成，痛苦烦恼，就是自认为明白，缺乏"装糊涂"的勇气。

该放手时要舍得放手

在印度热带丛林里，人们用一种奇特的狩猎方式捕捉猴子：在一个固定的小木盒子里面装上猴子爱吃的坚果，盒上开个小口，刚好够猴子的前爪伸进去。猴子总是喜欢满满地抓住一把坚果，这样爪子就抽不出来了。人们用这种方式很容易就能捉到猴子，因为猴子有一种习性：不肯放下已经到手的东西。

作为人类，我们一定会嘲笑猴子很蠢！松开爪子不就溜之大吉了吗？但回过头来想想我们自己，看看自己身边的一些人，就会发现：其实，人类也会犯同样的错误。

因为放不下到手的名利、职务、待遇，有的人整天东奔西跑，荒废了工作也在所不惜；因为放不下诱人的钱财，有的人成天费尽心机，利用各种机会想捞一把，结果却是作茧自缚；因为放不下对权力的占有欲，有的人热衷于溜须拍马、行贿受贿，不怕丢掉人格的尊严，一旦事件败露，后悔莫及……

生命如舟，载不动太多物欲和虚荣。要想使之在抵达理想的彼岸前不在中途搁浅或沉没，就只能轻载，只取需要的东西，把那些可放下的琐碎东西果断地扔掉。

面对琐事，选择放手是一种智慧，也是一种艺术。放手并不是逃避责任或忽视问题，而是通过有意识的决策，减轻自己的心理负担，保持内心的平静。以下是一些帮助我们在面对琐事时选择放手的建议。

1. 识别真正重要的事情

在生活中，每个人都应该学会盘算，学会有所放弃。盘算之际，肯定有挣扎有犹豫。没有人能够为我们决定什么该舍，什么该留。所谓的豁达，也不过是明白自己能正确地处理去留和取舍的问题。丢掉一个并不会对我们产生多大影响的东西，并对自己说：我可以做得比现在更好，还怕找不到更好的？

2. 评估成本与收益

在面对琐事时，考虑一下继续纠结这件事的成本和收益。如果一件事让我们感到焦虑和疲惫，但解决它并不会带来显著的好处，那么放手可能是更好的选择。通过这种评估，我们可以更理智地决定是否要继续投入。

3. 接受不完美

有时候，我们对琐事的执着来自追求完美的心态。然而，生活中很多事情并不需要达到完美。接受不完美，承认每个人都有局限性，可以帮助我们在适当的时候放手。放过那些不可能达到的标准，让自己更轻松。

4. 信任他人

学会放手的一个重要部分是信任他人。在工作或家庭生活中，适时地将一些琐事交给他人处理，不仅可以减轻自己的压力，还可以培养他人的能力。信任他人，放手让他们处理一些事务，是一种放松自我的方式。

5. 调整心态，学会宽容

面对琐事，宽容的心态可以助力放手。宽容不是懦弱，而是对他人和对自己的一种理解和体谅。当我们能够包容别人的小错误，或者容忍生活中的小不顺时，放手就变得更加自然。宽容是一种力量，它能让我们在复杂的局面中保持心境的平和。

6. 关注长远目标

有时候，我们之所以在琐事上纠缠不放，是因为忽略了长远的目标。试着从更大的视角看待问题，问问自己最终想要实现什么？这个琐事对自己的长期目标是否有帮助？如果它对自己的长远目标没有太大意义，放手就是一个明智的选择。

感悟

我们每个人时刻都在取与舍中选择，我们又总是渴望着取，渴望着占有，常常忽略了舍，忽略了占有的反面：放弃。其实，懂得了放弃的真意，也就理解了"失之东隅，收之桑榆"的妙谛。多一点中庸的思想，静观万物，体会像宇宙一样博大的胸襟，我们自然会懂得适时地有所放弃，才是我们获得内心平衡，获得快乐的秘方。

小事"迷糊"，大事不糊涂

在前文中，我们提到过一位叫吕端的北宋官员，他在升官时被人诋毁却装作没听见。这位吕端，被人津津乐道的是"小事'迷糊'，大事不糊涂"。

"诸葛一生唯谨慎，吕端大事不糊涂"——这副对联出自明代思想家李贽之手，意在借诸葛亮和吕端的为人行事之风以自勉。诸葛亮掌军理政之谨慎，史家有共识。吕端的"大事不糊涂"，或许知道的人并不多。《宋史·吕端传》中有提到，宋太宗想以吕端为相，不同意者说吕端这人有点糊涂，太宗却认为"端小事糊涂，大事不糊涂"。何谓"小事'迷糊'"？无非是在不关涉原则大道、只涉及个人利害得失的问题和事情上，不斤斤计较。

吕端小事"迷糊"的例子有很多。诸如不满吕端的人四处散布他的谣言，吕端知道后的态度是：我行我素，但求心中无愧，管他谣言漫天。再如，他和名臣寇准同列参知政事之职，且排名在前，吕端主动提出"请居准下"。不久吕端升任宰相，"恐准不平，乃请参知政事与宰相分日押班值印，同升政事堂"。这正是他"小事迷糊"的一面。

何谓"大事不糊涂"？就是在关系朝廷大政方针的问题上，坚持原则，是非分明，有舍我其谁之概。因为大事并不多，吕端在上朝时很少高谈阔论，因此有人认为吕端是个糊涂虫。

北宋端拱三年（990年），党项族的首领李继迁叛宋，在西北部边境上屡次骚扰。宋军在与叛军的交战中，俘虏了李的老母亲。太宗准备在边境上大张旗鼓地把老太太杀掉，以效尤。

吕端找到宋太宗说了一通道理，大意是杀了李继迁的母亲反而会让他以后更加仇恨、放肆，而善待其母则既立了美名又能让李今后投鼠忌器。太宗连连说对，并称赞道：多亏了你，我几乎误了国家大事。后来，李母病死，李继迁攻打吐蕃的时候中箭身亡，李的儿子归顺宋朝。吕端的高瞻远瞩收到了很好的效果。

宋太宗病危时，内侍王继恩担心有才干的太子继位妨碍其专权，同李皇后等奸臣合谋，单等太宗咽气就发起政变，另立太子。太宗刚驾崩，李皇后就命王继恩召见吕端。吕端觉察到可能有什么变故，就叫手下把王继恩锁在自己府中，派人加以看管，不许他出入。然后急见皇后，力劝李皇后不要改立太子。李皇后见王继恩被囚禁了，也只得答应。在商议太子登基的时间问题时，吕端毫不犹豫地说："先帝立太子就是为了今天，现在先帝弃天下而走了，我们怎能做违背先帝之命的事情呢，对于这种事关国家前途命运的大事，不能有什么异议。"当天就把太子迎上了皇位，免得夜长梦多。

太子真宗继位后，第一次登殿时，垂帘接见群臣。当吕端率众臣前来殿中晋见时，一看是这个样子，竟站在殿下不拜。当时皇后问吕端因何不拜？吕端说："请把帘子卷起来，让太子坐在正位上，让我们看清楚了再拜。"这时皇后让真宗照吕端所说的卷了帘坐上了正位。吕端看清楚了皇位上坐的确实是太子无误后，才率群臣跪拜，并且高呼万岁。

可见吕端一点也不糊涂。"小事迷糊"是面对琐事时不执着于细枝末节，保留更多的精力去处理那些真正重要的事情。这不仅能减少心理上的负担，还能让我们在应对大事时更加从容不迫。从吕端"小事迷糊，大事不糊涂"的事例中，我们可以得到以下启示。

1. 区分轻重缓急

日常生活中，我们需面对许多琐事和大事。学会区分哪些事情值得投入精力，哪些可以适当放下，是提高效率和保持内心平静的关键。对于那些不涉及原则的问题，不必斤斤计较，以节省精力应对真正重要的事。

2. 保持宽容心态

在处理琐事时，不必过于执着细节或个人得失，宽容待人，心态开放。这样不仅可以减少内心的负担，也有助于维持良好的人际关系。

3. 原则问题不妥协

在面对重大抉择时，无论是生活中的关键选择，还是工作中的重要决策，都要保持清晰的头脑和坚定的立场，不能因外界的干扰或一时的迷惑而动摇自己的信念，要坚持做出符合自己价值观的决定。

4. 以长远眼光看问题

像吕端一样看待问题，尤其在面对复杂局面时，要考虑到长远的影响，才能做出有利于整体发展的决策。

5. 从容应对挑战

面对重大问题时，要像吕端那样从容不迫，以理性和冷静的态度应对挑战，做出明智的选择，这样才能在关键时刻发挥出最大的作用。

感悟

《菜根谭》说："鹰立如睡，虎行似病。"意思是老鹰站在那里像睡着了，老虎走路时像有病的样子，但这正是它们的凶猛之处。所以真正聪明的人，不会处处显示自己的聪明，他们在多数时候糊糊涂涂，只会在关键时刻才露出智慧的锋芒。